郑志强　编著

数码摄影零基础入门教程

人民邮电出版社
北京

图书在版编目（CIP）数据

数码摄影零基础入门教程 / 郑志强编著. -- 北京 ：
人民邮电出版社, 2022.8
ISBN 978-7-115-59048-0

Ⅰ. ①数… Ⅱ. ①郑… Ⅲ. ①数字照相机－摄影技术
－教材 Ⅳ. ①TB86②J41

中国版本图书馆CIP数据核字(2022)第053065号

内容提要

本书从认识相机、摄影技术、摄影美学三大方面介绍了数码摄影的方方面面。全书对学习摄影所需要了解的相机、镜头与附件等硬件知识，对相机控制所需要把握的曝光、测光、光圈、快门、感光度、白平衡等技术知识，对提升摄影创作能力所需要熟悉的构图、用光与色彩等美学理论知识进行了系统解析。

本书内容由浅入深，让摄影学习变得更有节奏感、更轻松。希望初学者通过本书系统的讲解，能快速掌握数码摄影的基础知识与技法，开启精彩万分的摄影创作之旅，享受摄影带来的无尽乐趣。

本书内容全面、配图精美、文字通俗易懂，适合摄影爱好者及初学者参考阅读。

◆ 编　　著　郑志强
　责任编辑　胡　岩
　责任印制　陈　犇
◆ 人民邮电出版社出版发行　　北京市丰台区成寿寺路 11 号
　邮编　100164　　电子邮件　315@ptpress.com.cn
　网址　https://www.ptpress.com.cn
　北京宝隆世纪印刷有限公司印刷
◆ 开本：889×1194　1/32
　印张：4.5　　　　2022 年 8 月第 1 版
　字数：191 千字　　2025 年 1 月北京第 16 次印刷

定价：39.80 元

读者服务热线：(010)81055296　印装质量热线：(010)81055316
反盗版热线：(010)81055315
广告经营许可证：京东市监广登字 20170147 号

摄影是需要借助于科技含量很高的数码产品来实现的一门艺术。这句话的含义比较广泛，不仅涉及用户对于电子产品性能的认识和理解；还涉及用户对于产品功能的熟练掌握和利用，具体如光圈、快门、感光度、白平衡等概念的应用。但上述内容还只是最基本的认知，学习摄影这门艺术的过程并没有想象中那么简单。

摄影是技术、理念与艺术灵感相融合的创作过程。如果你拥有了一部数码相机，之后还要学习摄影技术、摄影理念，还要培养一定的艺术灵感。

大众可以通过彼此交流提高自己的摄影水平，而专业的教程学习，则可以更大程度地丰富自己的摄影知识体系，为以后的摄影学习和水平提高打下坚实的基础。

本书对数码摄影涉及的硬件知识、基本技术、构图 / 用光 / 色彩等美学理论进行了非常全面的介绍。通过本书的系统性学习，读者可以拿起相机走出户外，进行精彩万分的摄影创作之旅。

目录

第3章

摄影技术——曝光与测光

第4章

摄影技术——光圈、快门、ISO感光度与画面效果

第7章

第1章 认识相机

相机于摄影师来说，就等同于士兵的武器。熟悉自己创作所使用的工具，有助于后续快速、合理地拍摄。并且，对其他相关摄影器材有所了解，也是摄影爱好者所必备的素质。这一章我们将详细介绍一些与相机有关的重要知识。

1.1 相机的分类与重要指标

按镜头分类

对于相机来说，是否可更换镜头是一种重要的分类方式。一般来说，可更换镜头的相机相对更加专业一些。家用小型数码相机往往不可更换镜头，而专业级的相机基本上都是可以更换镜头的。

外界光线要经过镜头才能入射到相机内部，镜头的作用在于对外界光线进行复杂的处理，让成像的效果产生变化，或是拉近、或是推远。由于镜头结构的限制，单一镜头所能实现的效果有限。比如说变焦镜头可以起到视角推远或是拉近作用，但成像画质却有所欠缺；而想要得到比较好的画质，往往需要定焦镜头来实现。也就是说，单个镜头无法囊括光圈、体积，及变焦等所有的优点，所以才有了换镜头的需要。

家用型数码相机的成像质量一般不高，而日常生活中的摄影对于镜头的要求也不高。

专业级单反相机（或微单相机）的感光元器件往往是家用型数码相机的几倍甚至十几倍，其成像质量可以细微到发丝。

按取景方式分类

1. 单反相机

数码单反相机的全称是数码单镜头反光相机，英文缩写为 DSLR（Digital、Single、Lens、Reflex Camera）。数码单反相机的工作原理是光线透过镜头到达反光镜，再反射到上面的对焦屏，通过五棱镜的折射（或反射）成像。使用者透过目镜可以在取景器中实时看到景物，整个过程是光学取景的。拍摄时按下快门，反光镜弹起，感光元件（CMOS 或 CCD）前面的快门幕帘打开，光线通过镜头到达感光元件，并转换成电子信号存储为图像文件。快门关闭后，反光镜恢复原位，取景器中可以再次看到对焦屏上的成像。

光学五棱镜

光线

数码单反相机的取景与拍摄时的成像光路图：红色为取景时的光路；黄色为拍摄时的光路。

光圈 f/2.8，快门 1/50s，焦距 200mm，感光度 ISO100

单反相机的历史悠久，而数码单反相机则是近 20 多年来的主流摄影创作器材。上图是使用佳能 EOS 5D 相机拍摄的。

2. 单电、无反与微单相机

单电相机（Single Lens Translucent Camera）指的是单镜头电子取景相机，外观与单反相似，但采用半透镜技术替换了单反的反光镜，这样拍摄时就不会有反光镜频繁起落的问题，相机连拍速度就可以得到提升。单电与单反最大的区别在于单电将反光镜替换为半透镜（许多单电产品甚至直接取消了反光镜，且没有用半透镜替代，这类相机被称为无反相机），通过电子取景器（EVF）实现了实时取景，对于摄影效果可以做到所见即所得。

单电相机的感光元件与数码单反级别相同，在光线充足的条件下其画质表现尤佳，可以满足初学者各种题材的拍摄需求。单电相机目前配套可更换镜头规格和品种要少一些，因此拍摄自由度会受到一定制约。

单电相机顶部不再内置五棱镜，因此减小了相机体积和重量，让相机的便携性变得更强。但问题在于取景器不再是光学结构，使用时消耗电量较多。

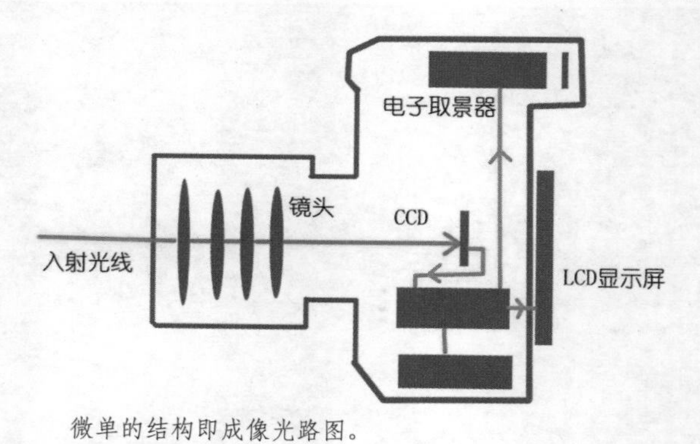

微单的结构即成像光路图。

光圈 f/1.4，快门 20s，焦距 24mm，感光度 ISO3200

当前主流的无反相机，体积小、重量轻，性能也足够可靠，所以在拍摄那些当前比较流行的弱光、星空等题材时，你会发现许多摄影师已经将无反相机作为主力器材使用了。

3. 旁轴相机

单反和无反相机，外界光线都是通过镜头（TTL，即 Through The Lens）后再进入取景器实现取景构图的。但旁轴相机不同，这种相机的取景光路并不通过镜头，而是通过独立取景器取景，并且取景器接收的光线也并不通过镜头。取景光轴位于摄影镜头光轴旁边，因而取名“旁轴”相机。

由于是独立取景器取景，因此近距离拍摄时，取景会存在一定视差，而高级旁轴相机有视差补偿机制。

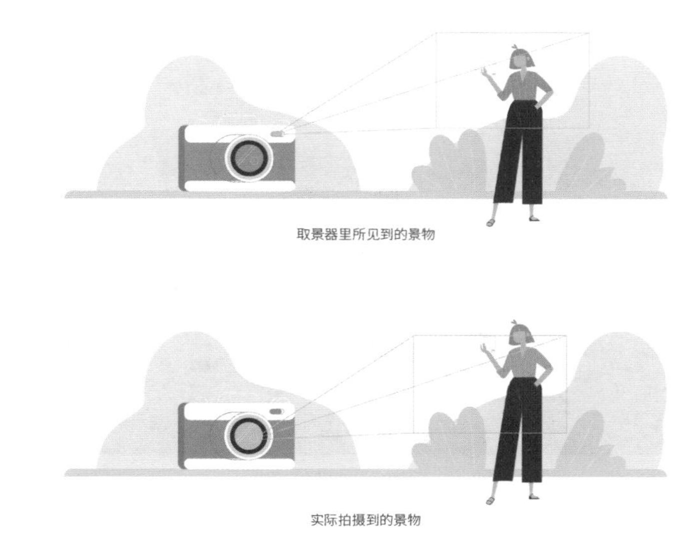

旁轴相机取景与拍摄时的示意图。

富士 X100 旁轴相机，可以看到相机右上角有取景框。成像通过镜头，取景则通过右上角的取景器，两者并非同一线路。

光圈 f/10，快门 1/400s，焦距 20mm，感光度 ISO200

旁轴相机没有反光镜的限制，一般广角镜头可以做得非常贴近，一般来说，广角和标准焦距是它的强项。

按画幅尺寸分类

相机底片的尺寸对成像画质的影响非常大，一般来说大底片相机成像画质要远高于小底片相机。在数码时代，所谓底片的大小，实际上是指感光元件的尺寸，也用画幅大小来表示。

数码相机的感光元件。

对于刚开始接触摄影的人来说，“画幅”这个词可能有些抽象。“幅”这个字含有幅度、尺寸的意思。对于传统的胶卷相机来说，就是胶卷尺寸大小；对于数码相机来说，就是感光器件的尺寸大小；不同画幅照相机可以产生不同大小的影像结果。根据不同的画幅，照相机主要可以分为大画幅、中画幅、全画幅、APS 画幅等相机。

大画幅相机是指底片尺寸为 4 英寸 ×5 英寸或大于 4 英寸 ×5 英寸的照相机，换算成公制单位即 101.5mm×127mm，而当前主流数码单反的底片（感光元件）尺寸为 36mm×24mm，由此可见大画幅底片尺寸之大。底片尺寸较大，就会成像清晰、质感真切、影调与色调层次细腻动人、色彩饱和逼真、细节再现能力非常良好。大画幅相机品牌主要有仙娜、林哈夫等。

大画幅相机镜头架和镜头沿单轨轨道或折叠基板滑动调节伸缩皮腔，可达到聚焦效果。

中画幅相机是指画幅大于全画幅 36mm×24mm 的尺寸，而小于 101.5mm×127mm 的大画幅的底片尺寸的相机。当前，中画幅相机使用宽度约为 60cm 的 120/220 底片，主要尺寸类型有 60mm×45mm、60mm×60mm、60mm×70mm、60mm×90mm 等。

中画幅照片可以提供丰富的细节，但是高感和连拍等性能不如全画幅单反，所以比较适合用于影棚拍摄。并且中画幅相机非常昂贵，需要考虑是否值得使用。生产中画幅相机的著名品牌有哈苏、玛米亚富士、奥林帕斯、潘泰克斯、骑士等。

中画幅相机在便携性、电子性能上进一步提高，但在使用时仍然不能像当前主流的数码单反相机那样方便。

光圈 f/5.6，快门 1/320s，焦距 90mm，感光度 ISO200

中画幅相机成像，画质细腻、细节丰富、色彩真实自然（上图使用 Hasselblad X1D 相机拍摄）。

全画幅也称为 135 画幅。胶片相机时代，相机使用的胶卷尺寸为电影胶卷的尺寸，长边为 35mm，这就是 35mm 画幅（后来相机胶卷的实际尺寸演变为了 36mm×24mm，但 35mm 画幅这个名称却一直沿用了下来）。胶卷一次使用一个，用完就换一个，是一次性的（最常见的如前几年人们使用的傻瓜相机），所以就在 35mm 前加了 1 用来标注，这就是 135mm 画幅的由来。

到了数码时代，如果数码相机的感光元件 CCD/CMOS 尺寸等于 135 画幅胶卷的尺寸，那么这种相机就被称为全画幅相机。

APS 画幅是一种尺寸更小的画幅形式。从胶片时代开始，相机生产厂商就设计了 APS 胶片系统，有 APS-H、APS-C、APS-P 三种画幅规格。APS-H 是将全画幅裁掉一些，尺寸变为 30.3mm×16.6mm，长宽比为 16：9，所以也称为满画幅；APS-C 型是在 APS-H 画幅的左右两头各挡去一段，尺寸为 24.9mm×16.6mm，长宽比为 3：2；APS- P 型是满画幅的上下两边各挡去一段，尺寸为 30.3mm×10.1mm，长宽比为 3：1，称为全景模式。佳能与尼康的入门及中档机型都是 APS-C 画幅。

> **Tips**
> 不同画幅级别会有不同的标准，如中画幅就有多种级别的底片尺寸，并且有时候相差很大。

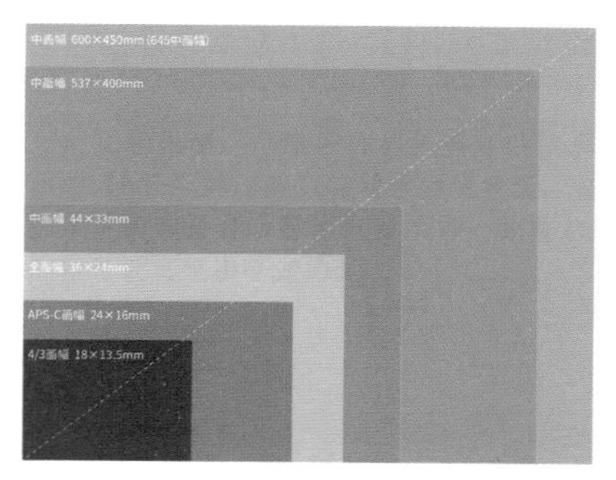

这个图显示了中画幅、全画幅、APS-C 画幅及 4/3 画幅形式的感光元件大小比例。

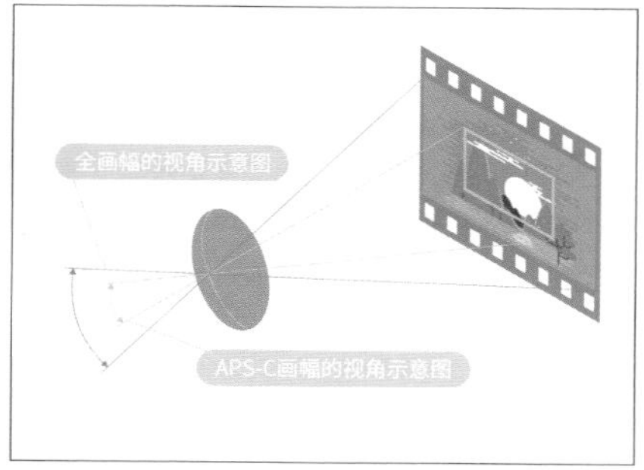

画幅越大，同样焦距下拍照时的视角也越大。图中所示为全画幅与 APS-C 画幅的视角比例示意图。

光圈 f/2.8，快门 1/1250s，焦距 70mm，感光度 ISO250

当前的 APS-C 画幅数码单反，除画幅较小这一劣势之外，在明亮的环境中画质性能直追专业级的旗舰机型，上图是使用佳能 EOS 70D 拍摄的。

像素的重要性是怎样的

把拍摄的数码照片放大观察，会发现这些连续色调其实是由许多色彩相近的小点所组成的，这些小点就是构成图形图像的最小单位“像素（Pixel）”。每个像素点的明暗程度和色彩各不相同，聚集在一起形成数码图像整体的明暗和色彩。

数码相机一般会标注最高像素，而实际上最高像素是无法实现的，真正决定成像质量的是另外一个概念——有效像素。

最高像素是指感光元件所拥有的感光像素点的数量，这个数据通常包含了感光元件的非成像部分；而有效像素是指真正参与感光成像的像素值。以Canon EOS 60D为例，其CMOS最高像素为1900万，但由于CMOS有一部分像素并不参与成像，因此其有效像素为1800万。用户在购买数码相机时，通常会看到商家标榜“最高像素达到×××”和“有效像素达到×××”，此时用户应注重看数码相机的有效像素是多少，有效像素的数值才是决定图片质量的关键。

光圈f/5.6，快门1/125s，焦距200mm，感光度ISO100

如果像素很高，那么对照片进行裁剪等后期处理时的操作空间就会更大。左图这个画面就是由原照片裁切出来的，可以看到仍然能够满足印刷需求，非常清晰。

1.2 专业相机的分类

什么是入门型相机

从摄影的角度来说，可换镜头的入门型相机大多为 APS-C 画幅的单反或无反类相机。机身多采用强化塑料制成，这样重量就会相对较轻；手感相对于金属机身有所欠缺，但仍然具有单反相机大部分的功能；各项功能的最高品质不足；大多没有肩屏；入门机型的最快快门速度通常为 1/4000s。

佳能入门级单反相机 EOS 750D。

光圈 f/9，快门 1/640s，焦距 14mm，感光度 ISO100

入门型相机的弱点在于弱光或极端环境中拍摄时，其成像画质可能不够理想，且相机自身的防水、防寒等性能可能会有欠缺。而在这种光线晴好的环境中拍摄，入门型相机的成像并不会比高端机型差。

什么是高端入门型相机

高端入门型相机是介于入门与专业之间的单反或无反相机。这类型的相机改善了入门级相机大部分的弱点，将相机机身（或机身的主框架）的一部分替换为金属材质，相机耐用度和手感更好；连拍速度更快，可连拍的最大张数更多；机身增加了肩屏；最高快门速度可达到 1/8000s。但此类型相机的感光元件仍为 APS-C 画幅。

佳能高端入门单反相机 EOS 80D（在相当长一段时间内，肩屏曾经是高端入门和专业相机的象征，但当前部分入门型相机也出现了肩屏，只是机型比较少）。

什么是专业型单反 / 无反

专业机型搭载了相机厂商绝大多数足够先进的技术，并且大都是 135 全画幅产品，能够以更大的视角来记录画面。

实际上，全画幅的单反及无反产品，也被拉开了三个档次：分别是入门级全画幅机型、专业级全画幅机型和旗舰（顶级）机型。以佳能为例，EOS 6D Mark II 是入门级全画幅单反，ESO RP 是入门级全画幅无反；EOS 5D Mark IV 与 EOS R5 则分别是专业级的单反与无反机型；EOS 1D X 及 EOS R3 则是旗舰机型。

佳能顶级单反相机EOS 1D X。

光圈 f/4，快门 1/80s，焦距 105mm，感光度 ISO1000

专业相机尤其是顶级机型，从高感、连拍速度等方面来看性能更强，所以在拍摄舞台、体育及生态等题材时更具优势。

第2章 摄影技术——对焦与对焦系统

初学摄影者往往会认为对焦是最简单的摄影技术，只要半按快门就可以实现对焦，手动模式时只要眼睛看取景器对焦即可。其实这只是最简单的对焦操作，真正的对焦技术并没有这么简单。对焦技巧的不同可以营造不同的画面效果，并且对焦与构图还有非常重要的关联。

2.1 认识对焦

对焦原理是怎样的

对焦（FOCUS）也称为聚焦，是指通过调整相机的对焦系统，或者是改变拍摄距离，使被拍物成像清晰的过程。

相机的对焦，是透镜成像的实际应用。透镜成像时，2 倍焦距之外的物体，成像位置会在 1 倍焦距到 2 倍焦距之间。将镜头内所有的镜片等效为一个凸透镜，那拍摄的场景成像就是在 1 ～ 2 倍焦距之间。

相机的感光元件一般是固定在 1 ～ 2 倍焦距之间的某个位置。拍摄时，调整对焦，让成像落在感光元件上，就会形成清晰的像，表示对焦成功；如果没有将成像位置调整到感光元件上，那成像就不清晰，即没有成功对焦。

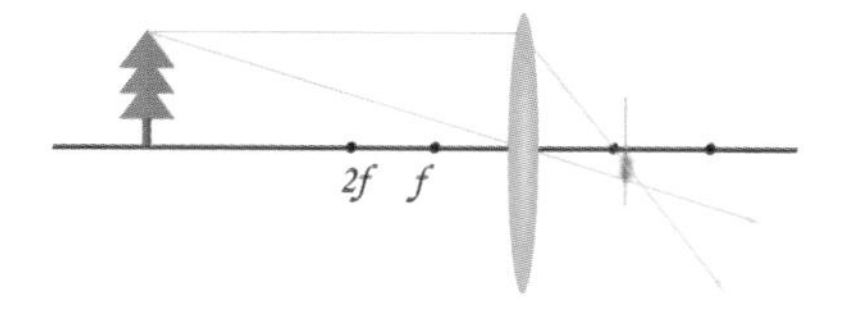

如果没有对焦成功，则表示成像位置偏离了感光元件，照片是模糊的。

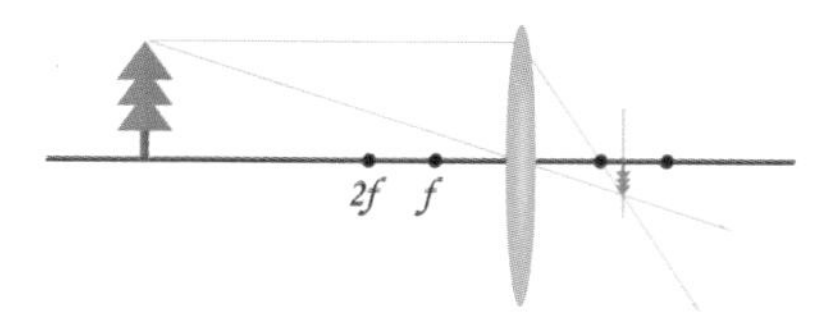

调整镜头的对焦，让成像位置恰好落在感光元件上，对焦成功，则拍摄的照片是清晰的。

对焦时，如果所拍摄画面的成像没有落到焦平面上，则成像是模糊的。

光圈 f/8.0，快门 1/320s，焦距 17mm，感光度 ISO200
如果所拍摄场景的成像落到了焦平面上，则最终可以拍摄下清晰的照片。

自动对焦与手动对焦

自动对焦（Auto Focus）又被称为“自动调焦”，缩写为 AF。自动对焦系统根据所获得的距离信息驱动镜头调节焦距，从而完成对焦操作。自动对焦比手动对焦更快速、更方便，但它在光线很弱的情况下可能无法工作。手动对焦（Manual Focus）简称为 MF，是指手动转动镜头对焦环来实现对焦的过程。这种对焦方式很大程度上依赖人眼对对焦屏影像的判别和拍摄者对相机使用的熟练程度，甚至考验的是拍摄者的视力。

【自动对焦的设定】

佳能机型：在镜头上的 AF 代表自动对焦，MF 代表手动对焦。将滑块拨到 AF 一侧，对准被摄景物，选择好对焦点以后，半按快门按钮；此时可以从取景框中观察，对焦点的红点如果持续亮起，并有滴滴的声音，则表示对焦完成。

相机的手动对焦主要是为弥补了自动对焦在一些特殊条件下的对焦不足，具体适合以下几种条件。

- 被摄对象表面明暗反差过低的场合，如单色的平滑墙壁、万里晴空的蓝天等。
- 现场环境光源条件不理想的较暗的场所。
- 被摄主体表面有影响对焦的对象，例如拍摄树丛中的小动物，对小动物对焦时，如果使用自动对焦方式对焦，前面的树叶可能会造成对焦误差。
- 摄影者主动使用手动对焦方式营造特定的效果，如拍摄夜景时使用手动对焦方式将灯光拍摄模糊，能够营造出梦幻的效果。

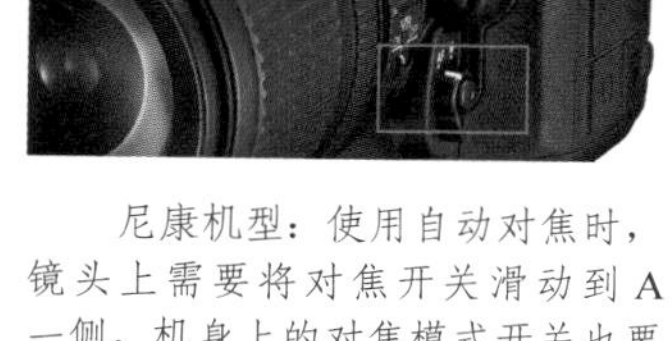

尼康机型：使用自动对焦时，镜头上需要将对焦开关滑动到 A 一侧，机身上的对焦模式开关也要滑到 AF 一侧。

光圈 f/16.0，快门 1/500s，焦距 153mm，感光度 ISO320

拍摄天空中飘飘荡荡的风筝，有时自动对焦会捕捉不到风筝而却对焦在远处的天空，这时使用手动对焦反而更加方便。

2.2 单点与多点对焦

多点对焦的原理

当前几乎所有的数码单反相机均有多个自动对焦点，无论是面对风光摄影，还是人像摄影，要想拍摄出成功的作品，选择好对焦点的位置是第一步。当然，摄影者还可以设定由相机自动选择对焦点，即通常为多个对焦点同时工作的模式。这一模式是利用相机的所有自动对焦点进行对焦，而具体将焦点对在画面中的哪几个部位，是由相机来自动选择。这时我们就可以观察到取景框中有多个焦点框同时亮起的现象，即所谓的多点对焦。

多点对焦优先选择距离最近和反差最大的景物对象来进行对焦。多点对焦的优点是能够更快地获得对焦。在拍摄集体合影或建筑物时，这种对焦方式都是非常适用的。

【多点对焦的设定】

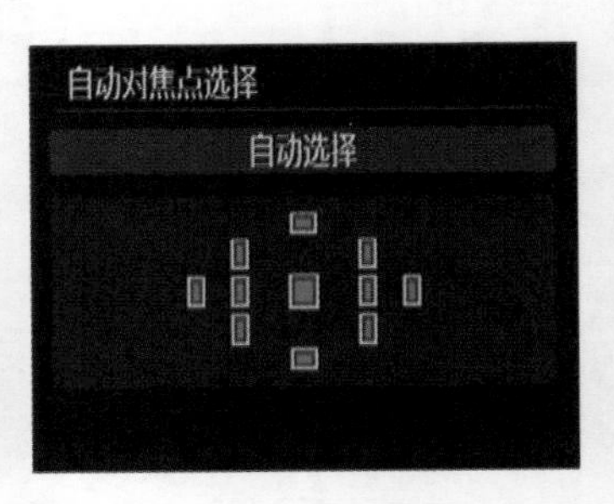

佳能相机：按下自动对焦点选择按钮，转动相机的主拨轮，所有自动对焦点都亮起后，即设定了多点对焦。

尼康相机：设定自动对焦，按下 AF 模式按钮的同时旋转副指令拨盘，可设定多点对焦。

光圈 f/2.8，快门 1/1000s，焦距 160mm，感光度 ISO400

使用多点对焦时，相机会激活多个对焦点同时完成对焦。启动多点对焦可实现快速拍摄以得到风光画面。

Tips

多点对焦的原理

正常情况下，单个对焦点所在的平面即为对焦最为清晰的平面，如果相机实现了多点对焦，那么就会有多个对焦清晰的平面，这是不现实的。其实真正的对焦清晰平面是所有这些对焦平面与相机距离的平均值所在平面。

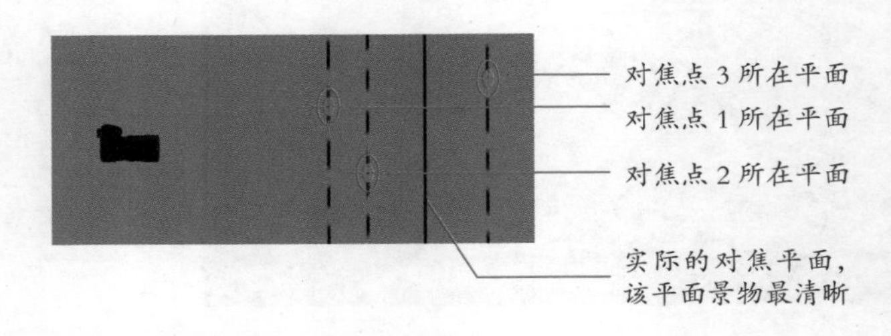

单点对焦的原理

对于将摄影理解为创作过程的摄影人来说，对焦不是一个机械的过程，它需要拍摄者根据创作主题进行思考：“画面的主体是哪里？哪里要实要清晰，而哪里要虚化？”而后手动指定单一的自动对焦点对准主体景物，引领照相机完成自动对焦的过程。这就是手动选择对焦点的方式——由拍摄者手动选择单一对焦点，在需要的位置进行精确对焦，这也是专业摄影人的通常选择。而如果使用了相机的多点对焦，则最终画面中清晰的部分可能不是你想要的。

【单点对焦的设定】

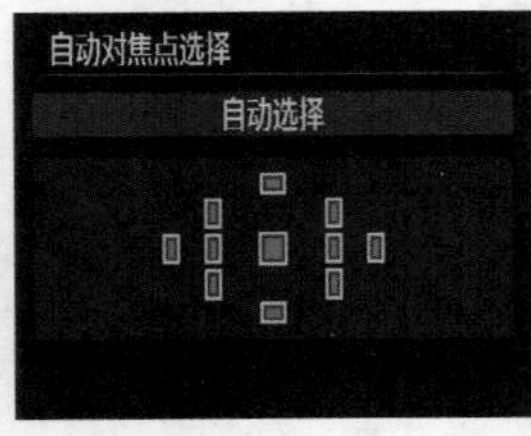

无论是佳能还是尼康机型，单点对焦的设定均与多点对焦的操作方式基本相同，进行操作后，结合相机上的方向键，选择要激活的单个对焦点即可。

光圈 f/3.2，快门 1/1000s，焦距 70mm，感光度 ISO200

如果使用相机的自动选择对焦点（多点对焦）模式拍摄，合焦位置肯定在前景的花上，而如果想要对焦在后面更为娇嫩的花朵上，那么就需要手动选择对焦点，使其合焦在后面的花朵上即可。

2.3 自动对焦的三种模式

【自动对焦不同模式的设定】

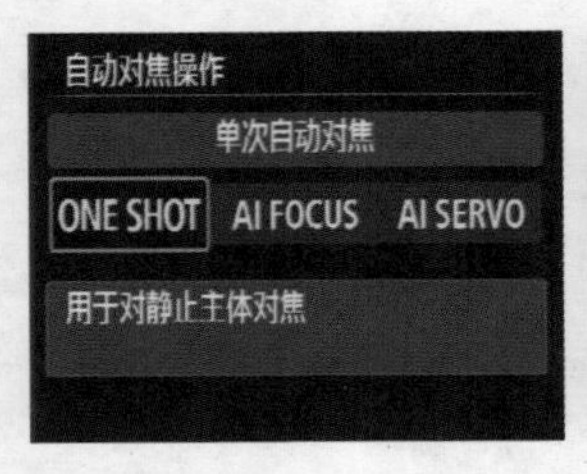

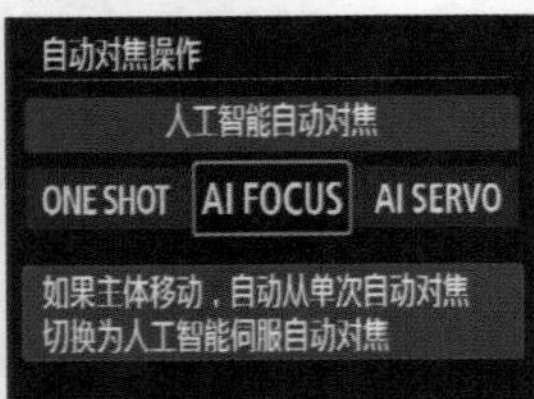

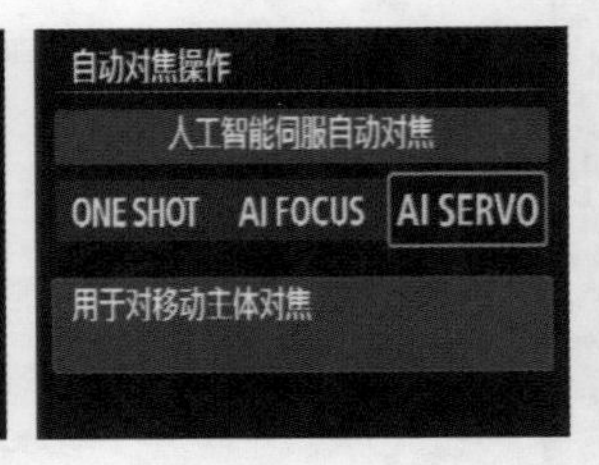

佳能机型：按相机上的AF-DRIVE按钮，监视器上会显示对焦模式选择界面，然后分别选择要使用的是ONE SHOT、AI FOCUS或AI SERVO后，按SET键即可设定相应的对焦模式。

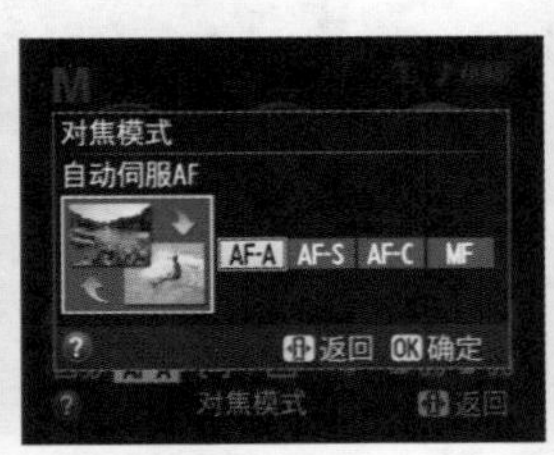

尼康机型：按住相机机身上的“AF模式”按钮，然后转动主拨轮，即可选择AF-S、AF-A或AF-C对焦模式。

单次自动对焦（佳能ONE SHOT，尼康与索尼AF-S）

单次自动对焦模式主要用于静止画面的对焦。一般来说，在拍摄静止的风光照片时，大多采用这种对焦方式。单次自动对焦是数码单反相机摄影中最为常见的对焦方式。使用单次对焦模式对焦时，对焦获得的效果最为清晰。所谓的静止画面并不是说画面中所有的景物必须都是静止的，一些含有流水、飘落的树叶等场景的画面，也适合使用单次自动对焦模式拍摄。

光圈 f/8.0，快门 1/1250s，焦距 350mm，感光度 ISO400，曝光补偿 -0.3EV
单次自动对焦模式多用于拍摄静态的风光画面。

智能自动伺服对焦（佳能 AI SERVO，尼康与索尼 AF-C）

智能自动伺服对焦适合拍摄运动的主体。运动中的主体对象可能在镜头前有上下左右的移动，也可能有距离远近的变化，这时只要保持半按快门对焦状态，并跟踪好运动中的主体，相机就会对主体持续对焦。智能自动伺服对焦模式下，曝光数值会在拍摄的瞬间完成设置。另外，有时主对焦点可能无法随时锁定运动主体，这时其他辅助对焦点会启动自动对焦，保持被摄体一直处于合焦状态。

光圈 f/6.3，快门 1/1600s，焦距 500mm，感光度 ISO160
使用智能自动伺服对焦，相机会对主体人物进行连续对焦，这样就能够捕捉到主体最精彩的瞬间。

智能自动对焦（佳能 AI FOCUS，尼康与索尼 AF-A）

有时候，原本静止的被摄主体会突然开始运动，也就是说画面在静止与运动状态之间切换，这种瞬间的切换状态，适合使用智能自动对焦模式进行对焦。严格来说，智能自动对焦模式并不是一种能够完成合焦的模式，只是一种预警状态。例如，使用这种模式时，如果被摄主体突然由静止切换为运动，该模式会自动切换为智能自动伺服对焦，也就是完成了由静止对焦到运动对焦的切换，最终按下快门时，是由智能自动伺服对焦模式完成合焦的。

光圈 f/5.6，快门 1/500s，焦距 58 mm，感光度 ISO200，曝光补偿 0EV

半按快门对焦后，相机会根据海鸥的状态自动切换为单次对焦或连续对焦。本画面中，当海鸥飞起，相机会自动切换为连续对焦的模式。

第3章 摄影技术——曝光与测光

摄影中，要完美地运用光线，让照片的明暗合理，影调层次丰富，先决条件就是能够将实际场景的明暗和光影效果准确地反映出来，这就需要摄影者掌握拍摄时对现场环境测光及曝光的方法。

3.1 曝光与曝光过程

认识曝光的概念

摄影领域最为重要的一个概念就是曝光（Exposure），无论是照片的整体还是局部，其画面表现力在很大程度上都要受曝光的影响。拍摄某个场景后，必须经过曝光这一环节，才能看到拍摄后的效果。在胶片时代，被摄景物反射或发射的光线进入相机后照射到胶卷底片上，胶卷底片上的化学物质发生反应，记录光线的强弱及色彩等信息，这一过程即为曝光的过程。最后在暗房中通过银盐等药水冲洗照片，可以还原出所拍摄的真实场景。

到了数码单反时代，光线进入相机后会照射到功能等同于胶卷底片的感光元件 CCD / CMOS 上。此时感光元件进行感光，将光信号中的强度及色彩信息转变为电子信号，这一过程即为曝光。电子信号经过电子线路处理后进行还原，形成电子图像格式的数据，存储在 SD、CF 等存储卡上，使用相机即可直接观看拍摄的效果。

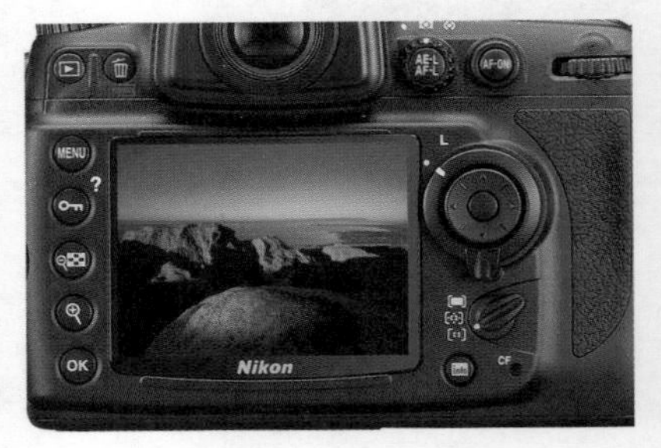

拍摄的照片显示在液晶监视器上。其实拍摄的过程可以简单地认为是曝光的过程。

光圈 f/11.0，快门 1/50s，焦距 20mm，感光度 ISO100
经过准确曝光后焕发出迷人风采的新疆美景。

曝光三要素

看到曝光过程的原理后，我们可以总结出曝光过程（曝光值）要受到两个因素的影响：进入相机光线的多少和感光元件产生电子的能力。对于前者来说，影响光线多少的因素也有两个：镜头通光孔径的大小和通光时间，即光圈大小和快门时间。这样总结起来即是决定曝光值大小的三个因素是光圈大小、快门时间、ISO 感光度大小，这三个参数通常被称为“曝光三角”。

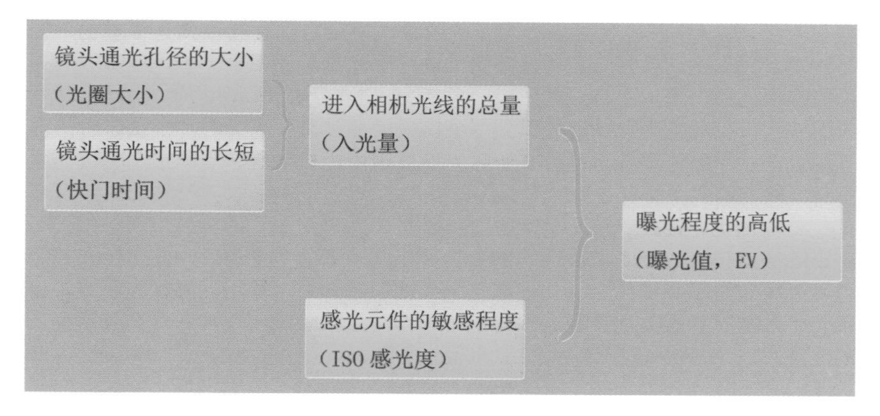

针对同一个画面，确定好曝光值以后，我们调整光圈、快门和 ISO 感光度，曝光值会相应发生变化。例如，我们将光圈变为原来的 2 倍，曝光值也会变为原来的 2 倍；但如果调整光圈为 2 倍的同时将快门时间变为原来的 1/2，则画面的曝光值就不会发生变化。摄影者可以自己进行测试。

光圈 f/2.8，快门 1/320s

光圈 f/22，快门 1.3s

画面中水流的效果不同，这表示两幅照片的快门时间不同，这从 EXIF 参数也可以看到。但两幅画面的局部及整体明暗一样，表示曝光程度相同。这样即可说明同样的曝光值可以通过不同的曝光参数组合而获得。

3.2 自动曝光、半自动曝光与手动曝光

光圈优先、快门优先与P模式的适应场景

要拍摄主体清晰而背景模糊的效果，通常需要设定大光圈来拍摄；要拍摄出潺潺流水如丝般的梦幻效果，则需要提前设定较慢的快门（通常在1s ～ 15s这个范围）。要实现这些摄影者想要的效果，使用自动曝光模式是很难的，因为该模式只会调动各种参数确保获得准确的曝光量，而不会考虑设定多大的光圈或多慢的快门来追求特殊的效果。要解决这些问题，就需要使用程序自动曝光模式了，也称为半自动曝光模式。该模式的原理是在曝光时，由摄影者提前手动设定一个曝光参数，另外2个曝光参数则由相机确定。当前主流相机的程序自动曝光模式主要有3种：光圈优先模式、快门优先模式与P模式。

1. 光圈优先模式

拍摄照片时，光圈是决定画面景物虚化与清晰的主要条件，甚至还在一定程度上决定着曝光量的多少，也就是画面的明暗效果。使用光圈优先模式，摄影者可以随时且自由地控制光圈的大小，营造景深景浅或是画面曝光程度高低的效果。

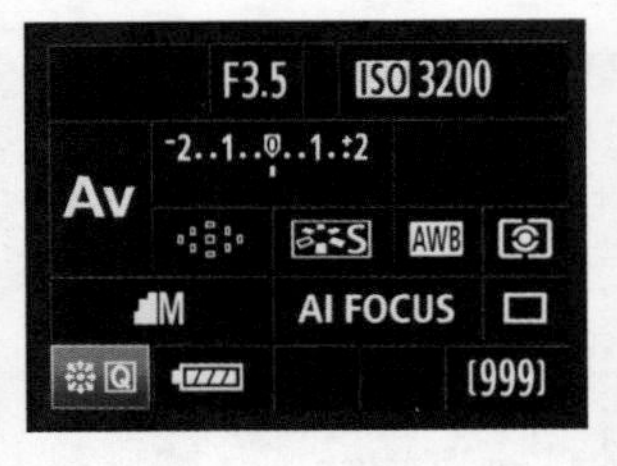

佳能数码单反相机光圈优先界面Av。

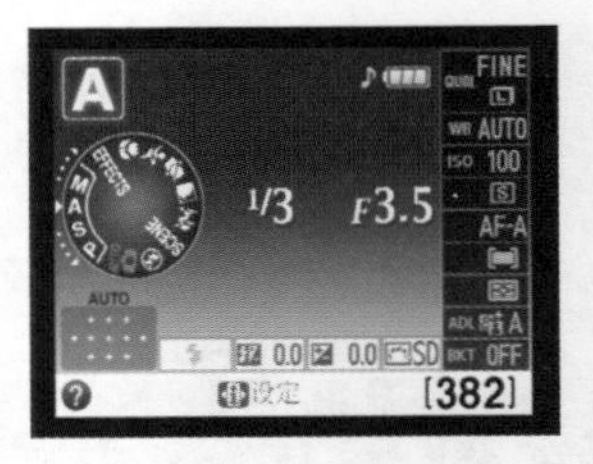

尼康数码单反相机光圈优先界面A。

光圈优先模式几乎是有一定基础的摄影者最为常用的拍摄模式。风光摄影、人像摄影、微距摄影、夜景摄影等几乎所有的拍摄题材中，都可以使用光圈优先模式拍摄出很好的照片。在光圈优先模式下，摄影者控制最为重要的光圈参数，而其他拍摄参数则由相机根据曝光值来进行相应调整。

光圈 f/8.0，快门 1/160s，焦距 24mm，感光度 ISO100，曝光补偿 -0.7EV
利用光圈优先模式，提前设定好中小光圈拍摄风光，让远近的景物都比较清晰。

光圈 f/2.8，快门 1/320s，焦距 66mm，感光度 ISO100
拍摄人像时，使用光圈优先模式可以提前设定好大光圈以利于虚化背景突出人物主体。

2. 快门优先模式

快门是控制被摄的运动主体是动感模糊还是静态凝结的主要因素，另外与光圈一起还能控制画面的曝光程度。相机的快门优先模式是指摄影者可以随意且自由地控制快门时间，其他拍摄参数则主要为快门服务。

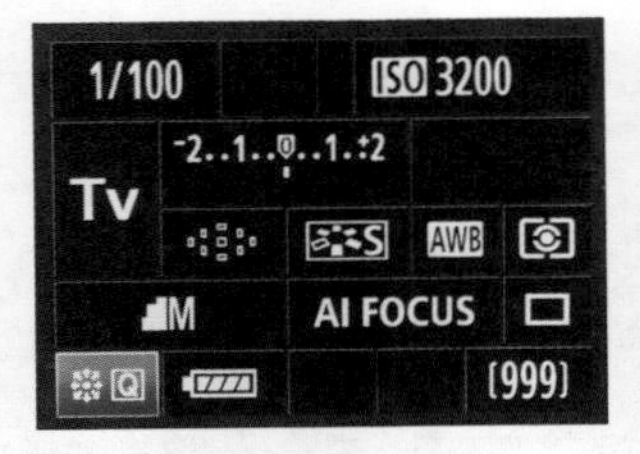

佳能数码单反相机快门优先界面 Tv。

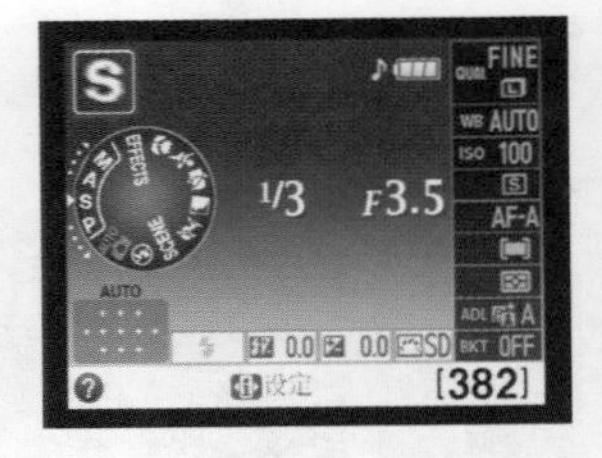

尼康数码单反相机快门优先界面 S。

高速快门能够在拍摄运动对象时抓拍其瞬间的静态影像，即使其凝结；慢速快门在拍摄运动对象时能够表现其运动的动态模糊感；中慢速度的快门则可以拍摄出运动对象动静结合的作品，视觉效果非常好。因此，使用快门优先模式时，摄影者可以根据自己的拍摄意图，拍摄或是静态或是动态的照片效果。例如，拍摄瀑布时，既可以使用高速快门拍摄水流的静态凝结画面，呈现出一种爆炸似的感觉，也可以使用慢速快门表现出瀑布丝织般的水流效果，给人以梦幻的感觉。

光圈 f/2.8，快门 1/6s，焦距 70mm，感光度 ISO100，曝光补偿 +0.3EV

拍摄动静结合的画面，一般要根据画面中对象运动的速度，使用快门优先模式提前设定好快门速度。

3.P 模式

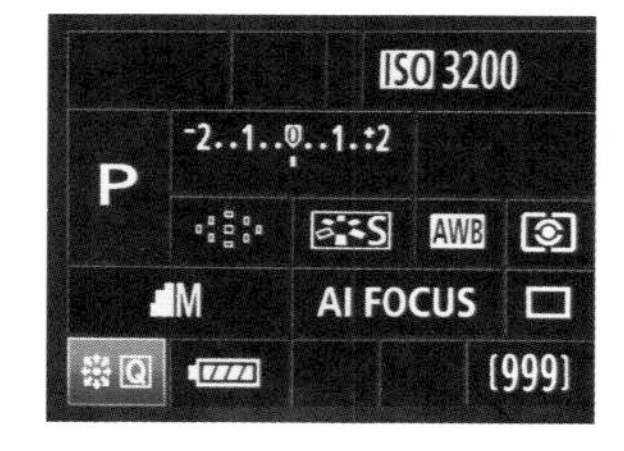

佳能数码单反相机程序自动模式 P。

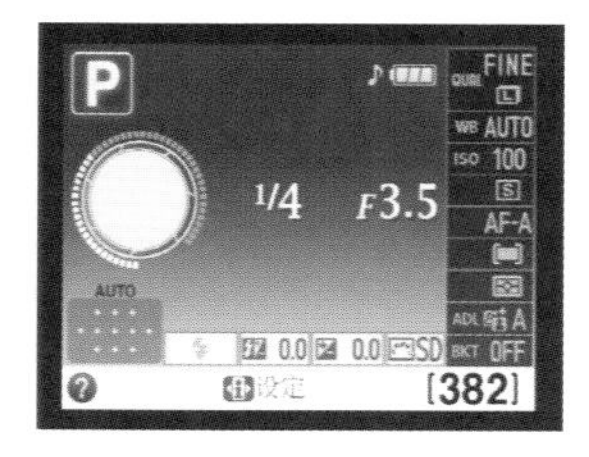

尼康数码单反相机程序自动模式 P。

P 模式是数码单反相机的半自动曝光模式。在 P 模式下，数码单反相机的曝光由相机自动控制，但允许摄影者对白平衡、ISO 感光度、曝光补偿数值、测光模式等拍摄参数进行调整，是一种简单快速，但又有一定创造性的拍摄的模式。

P 模式全称为 Program AE，意思是程序自动曝光模式。P 模式在默认不进行调整的状态时类似于全自动模式，初级摄影者可以使用这种模式直接拍摄照片，大多数情况都能够拍到令人满意的作品。因为 P 模式下的曝光由相机根据现场光线情况自动曝光完成，所以不存在曝光不足或是过度的情况。对于一部分需要快速抓拍的场景，也可以使用 P 模式进行拍摄，这样既可保证速度，又可以有一定参数设定的时间。

光圈 f/9.0，快门 1/80s，焦距 35mm，感光度 ISO100，曝光补偿 +0.3EV

使用 P 模式拍摄，曝光类似于全自动模式，基本上不会出现大的问题，摄影者可以将更多的精力放在取景构图方面。

在 P 模式下，相机根据现场光线情况自动确定好曝光组合的光圈值和快门值后，摄影者还可以根据自己的需要调整白平衡、感光度等参数。

手动曝光模式

如果摄影者经验比较丰富，那么就可以自己完全控制光圈、快门及 ISO 感光度 3 个参数，即相机的曝光值由摄影者自行确定。这在相机上对应着 M 全手动模式。

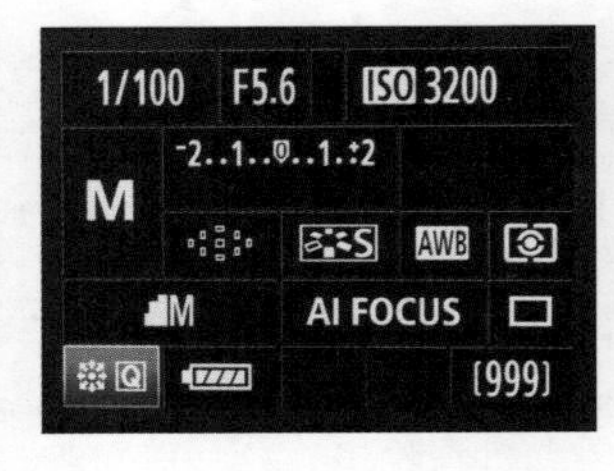

佳能数码单反相机全手动模式 M。

尼康数码单反相机全手动模式 M。

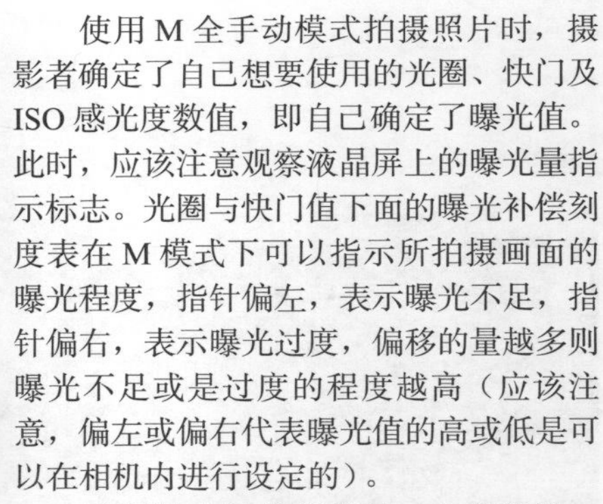

使用 M 全手动模式拍摄照片时，摄影者确定了自己想要使用的光圈、快门及 ISO 感光度数值，即自己确定了曝光值。此时，应该注意观察液晶屏上的曝光量指示标志。光圈与快门值下面的曝光补偿刻度表在 M 模式下可以指示所拍摄画面的曝光程度，指针偏左，表示曝光不足，指针偏右，表示曝光过度，偏移的量越多则曝光不足或是过度的程度越高（应该注意，偏左或偏右代表曝光值的高或低是可以在相机内进行设定的）。

观察曝光量的偏移时，也有标准，每偏移 1EV，表示曝光量相差一倍，相应调整时，光圈也需要扩大一倍或是缩小

光圈 f/4.5，快门 1/400s，焦距 150mm，感光度 ISO100

如果使用光圈或快门优先的模式拍摄，由相机决定曝光值，那么本画面会更亮一些，就无法表现出山体剪影的效果了。使用手动曝光刻意压低曝光值从而拍摄出这种大气、低沉而富有感染力的效果。

一半。M 全手动模式是摄影者创作空间最大的拍摄模式，画面的明暗效果、色彩效果等都可以在 M 模式下有出色或特殊的表现。

Tips

曝光量指示标志只是提醒摄影者所设定的曝光值是高或低，供摄影者参考。之所以使用全手动模式，摄影者往往就是为了追求比较个性的画面曝光效果。

B 门模式

正常情况下拍摄照片，快门速度是在 1/8000 ～ 30s 这个范围内变化的（部分中低档单反相机的快门范围是 1/4000 ～ 30s），但我们经常看到一些超过 30s，甚至为 1 个多小时的曝光时间，这需要在 B 门下拍摄。B 门的完整称呼为 Bulb，是指以手动控制时间长短的快门释放器。现在逐渐引申为 Boundless（无限制）。在摄影中，B 门是指按下快门按钮后相机快门帘打开，相机进行曝光，松开快门按钮后，快门帘关闭，曝光结束；如果持续按住快门按钮，则相机会一直进行曝光，即通过手按快门按钮时间的长短来控制拍摄画面的曝光程度，通常称为 B 门。使用 B 门时，如果用手指一直按压相机上的快门，人体自身的抖动会影响相机的稳定性，所以通常需要使用快门线来实现 B 门曝光的效果。B 门多用于拍摄深夜夜景、夜晚的烟花、星星的轨迹等微光场景。

【B 门的设定操作】

在尼康机型以及佳能的入门机型中，要使用 B 门模式，需要先将相机设定为 M 模式，转动主拨轮使快门时间超过 30s，则自动跳转为 B 门模式。佳能中高档机型，则在拨盘上集成了 B 门模式，使用时直接旋到 B 即可。

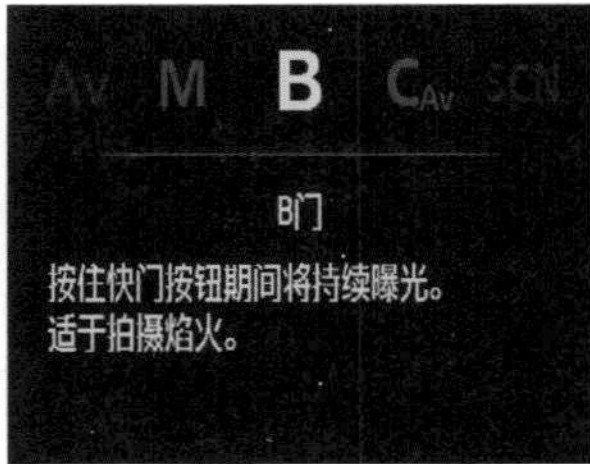

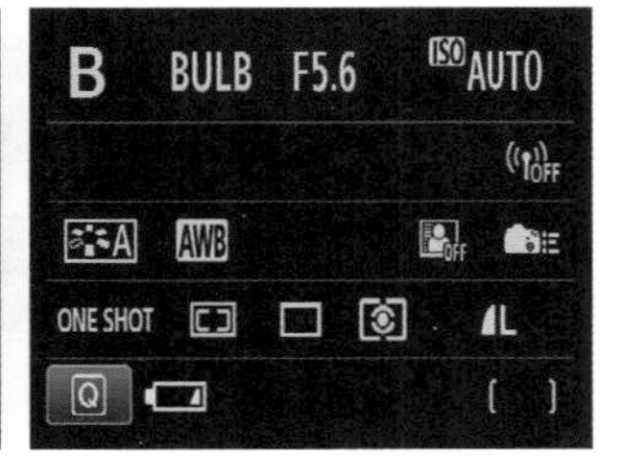

模式拨盘上设定 B 门模式。　　液晶监视器中看到的 B 门模式界面。

使用 B 门拍摄美丽的夜景或微光画面时，要注意几个方面。

● 首先三角架与快门线是必备的附件。三角架帮助提高相机的稳定性，使用快门线可以避免手指按压相机机身快门按钮产生抖动，可以使拍摄的照片更加清晰。

● 建议在夜晚微光时携带一个小型的手电筒和一张黑卡。手电筒可以帮助照亮摄影者周围的器材及环境，便于操作；黑卡可以用于遮挡拍摄环境中较亮的光源部分，有利于获得更长的曝光时间。

● 建议使用反光板（镜）预升功能，这样可以提高最终画面的清晰度。

● 建议不开启长时间曝光降噪功能。之前介绍过长时间曝光所产生的噪点在后期处理可以修掉，并且效果不比开启降噪功能的效果差。还有非常重要的一点是开启降噪功能拍摄要耽误大量时间，曝光时间 5 分钟，则同样再需要 5 分钟的时间来降噪，非常耽误时间。

光圈 f/22.0，快门 25s，焦距 26mm，感光度 ISO500，曝光补偿 -1.0EV
通常情况下，夜景摄影者可以使用 B 门拍摄，以便自行控制曝光程度的高低。

3.3 曝光补偿、白加黑减与包围曝光

什么是曝光补偿

曝光补偿就是在相机自动曝光的基础上，有意识地改变快门速度与光圈大小的曝光组合，让照片效果更明亮或者更暗的操作功能。用户可以根据拍摄需要增加或减少曝光补偿，以得到曝光准确的画面。曝光值以 EV 值来表示，EV 值每增加 1.0，相当于摄入的光线量增加一倍， EV 值每减小 1.0，相当于摄入的光线量减小一半。按照不同相机的补偿间隔可以以 1/2（0.5）EV 或 1/3（0.3）EV 的单位来调节。当前主流的数码单反相机具有最大 ±5 级曝光补偿的能力，用户在使用 Av（光圈优先自动曝光）、Tv（快门优先自动曝光）或 P（程序自动曝光） 模式时，可根据需要进行调节。

【曝光补偿的设定操作】

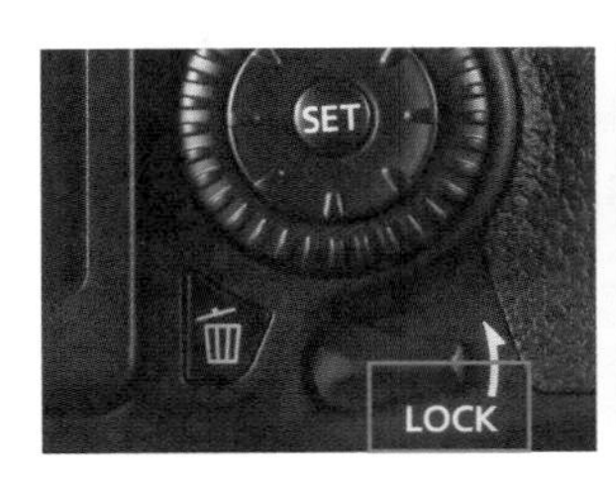

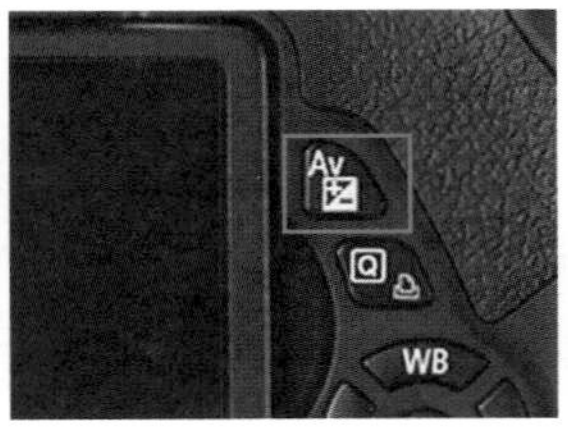

佳能机型：在 Av、Tv 或 P 模式下，半按快门，然后转动副拨盘即可调整曝光补偿。如果无法调整，则将 LOCK 按钮拨到箭头起始的位置（5D Mark III 的 LOCK 滑块是左右结构，也是将滑块置于箭头起始的位置），然后再转动副拨盘即可。入门机型在调整时，按曝光补偿按钮，然后转动主拨轮即可设置。

尼康机型：在 A、S 或 P 模式下，按曝光补偿按钮，然后转动相机主拨轮，即可调整曝光补偿值了。

曝光补偿无增加。

光圈 f/13.0，快门 1/250s，焦距 145mm，感光度 ISO500，曝光补偿 +1.5EV

直接拍出来的照片灰蒙蒙的，亮度不够，增加 1.5 挡曝光补偿后拍摄出的画面效果亮度合理，影调层次漂亮。

什么是白加黑减

所谓“白加黑减”主要是针对曝光补偿的应用来说的。有时我们发现拍摄出来的照片比实际偏亮或偏暗，不是非常准确，这是因为在进行曝光时，相机的测光是以环境反射率为 18% 为基准的，因此拍摄出来的照片整体明暗度也会靠近一般情况下的正常环境。所以雪白的环境拍摄出来会变得偏暗一些，即呈现出灰色；而纯黑的环境会变得偏亮一些，也会呈现出发灰的色调。因此，拍摄雪白的环境时为不使画面发灰，就要增加一定量的曝光补偿值，称为“白加”；拍摄纯黑的环境时为不使画面发灰，就要减少一定量的曝光补偿值，称为“黑减”。

曝光补偿 0EV

曝光补偿 +2.0EV

在雪地拍摄时相机会自动降低曝光值，所以我们必须手动增加曝光补偿值以还原雪景色彩。

曝光补偿 0EV

曝光补偿 -1.0EV

原照片曝光不准确，整个画面看起来灰蒙蒙的。减少 1 级的曝光补偿，画面曝光正常。

什么是包围曝光

包围曝光功能是让相机分别以标准、稍亮及稍暗的曝光值拍摄 3 张照片，摄影者从中挑选曝光更合理的一张。使用前必须先设定包围曝光的范围，一般是以 ±0.5 EV 的范围来设定，不过也可以依情况自行设定 ±0.3EV、±0.7EV、±1EV 等包围范围。等拍摄完成之后，再从 3 张作品中取一张整体曝光最满意的作品即可。

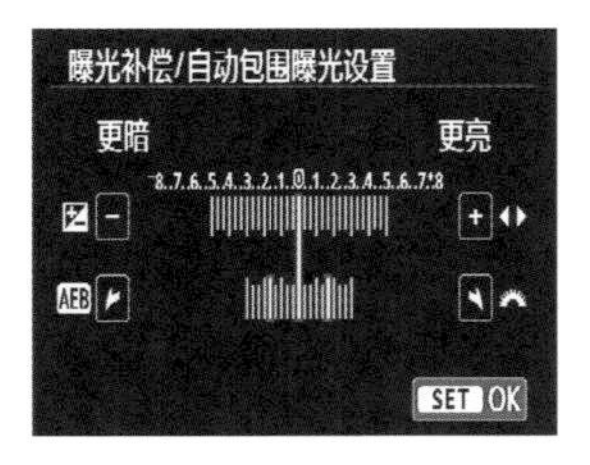

设定的包围曝光的范围。

包围曝光：-0.3EV

包围曝光：0EV

包围曝光：+0.3EV

Tips

曝光补偿只适用于程序或半程序控制的模式，如光圈优先（Av）、快门优先（Tv）、自动模式（P）等。在手动模式（M）下，没有曝光补偿功能。

【包围曝光的设定操作】

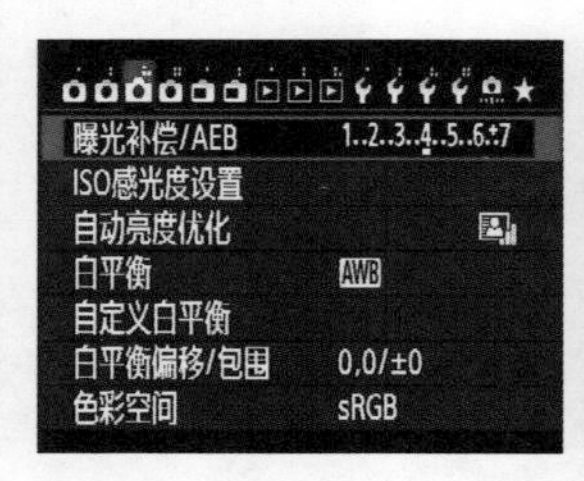

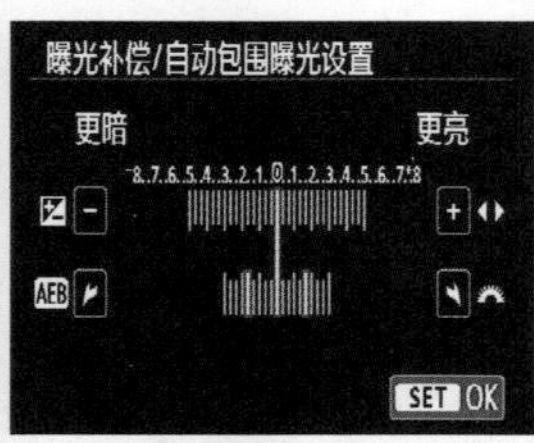

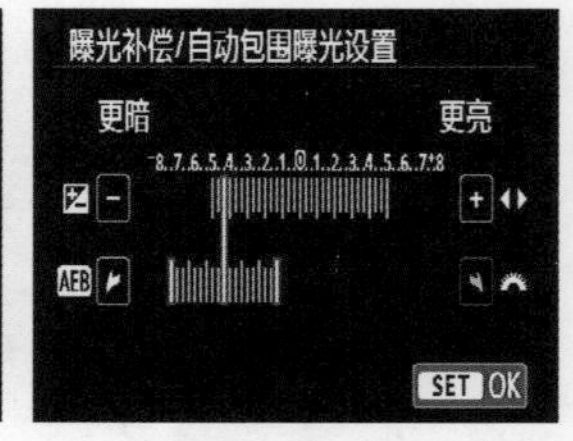

佳能机型：在相机菜单内选择曝光补偿 /AEB 菜单，按 SET 键进入，然后转动主拨轮即可调整曝光补偿的幅度，再按 SET 键即可确认设定。此外还可以按左右的方向键调整中间值的曝光补偿量。

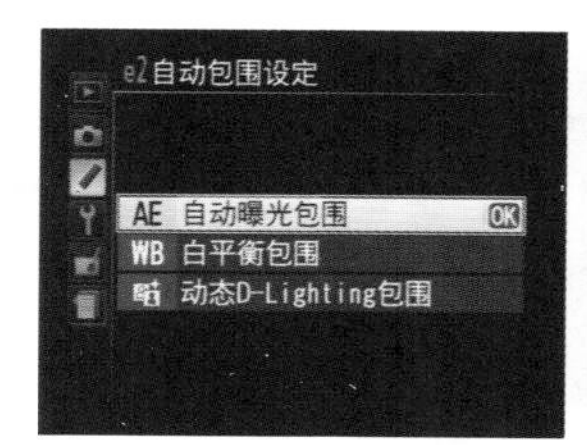

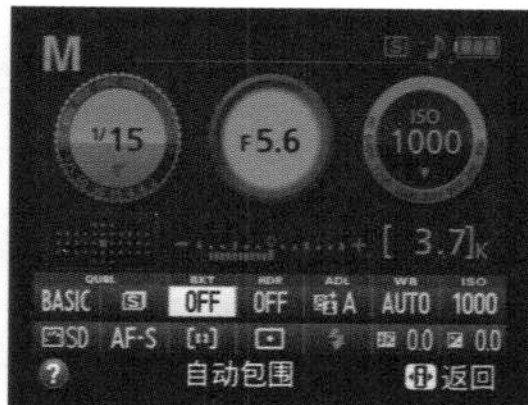

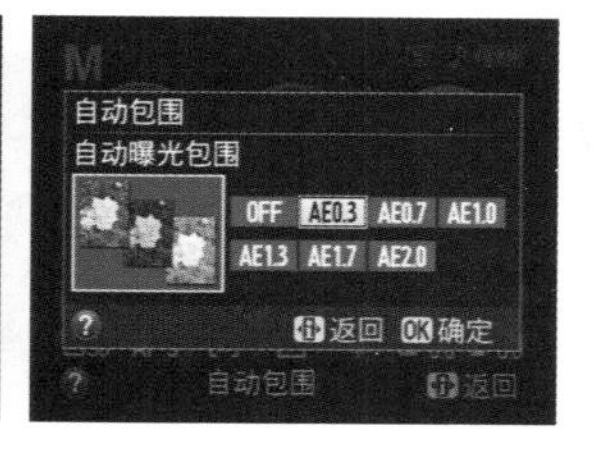

尼康机型：尼康中高档机型可以按机身正面的“BKT”包围曝光按键，再按机身背面的“info”键，然后转动背面主拨盘，设置曝光补偿的级数。尼康入门机型，可以在相机菜单内选择自动曝光包围菜单，并按 OK 键设定，然后在液晶屏上选择 BKT 项，进入后即可设定包围曝光的量。

3.4 测光与曝光效果

测光的原理

相机能否准确还原所拍摄场景的明暗状态，取决于能否准确曝光。而曝光的依据则是测光，相机会通过测光测得环境的光量，然后根据已有的快门或光圈数值，来确定其他的曝光参数。

相机与我们的人眼一样，主要通过环境反射的光线来判定环境中各景物的明暗。我们看到雪地很白，是因为雪地能够反射接近 90% 的光线；我们看到黑色的衣物，是因为这些衣物吸收了大部分光线，只反射不足 10% 的光线；在白天的室外，环境会综合天空、水面、植物、建筑物、水泥墙体、柏油路面等反射的光线，整体光线的反射率在 18% 左右。由此我们知道，景物或环境的明暗主要是由其反射率决定的。具体测光时，我们半按快门对环境进行测光，相机会根据一定时间内进入相机的反射光线量，再结合 18% 的环境反射率来计算环境的明暗度，确定曝光参考值。

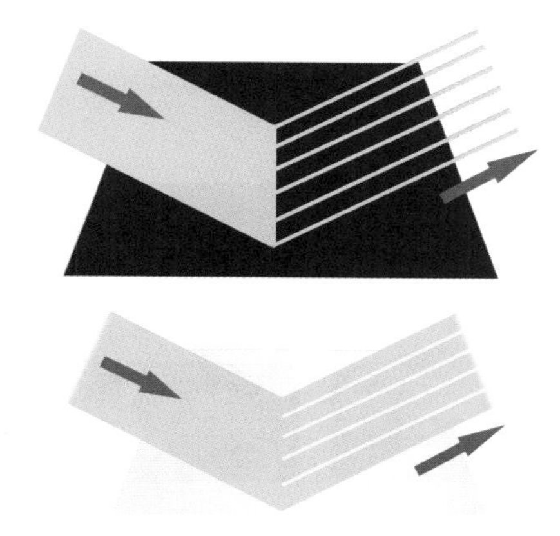

较暗的场景光线反射率相对较低，较亮的场景光线反射率相对较高。

光圈 f/9.0，曝光时间 1.3s，焦距 98mm，感光度 ISO320

经过准确测光，才能获得比较准确的曝光值，准确的曝光才能更为准确地还原画面色彩。

【测光方式的设定操作】

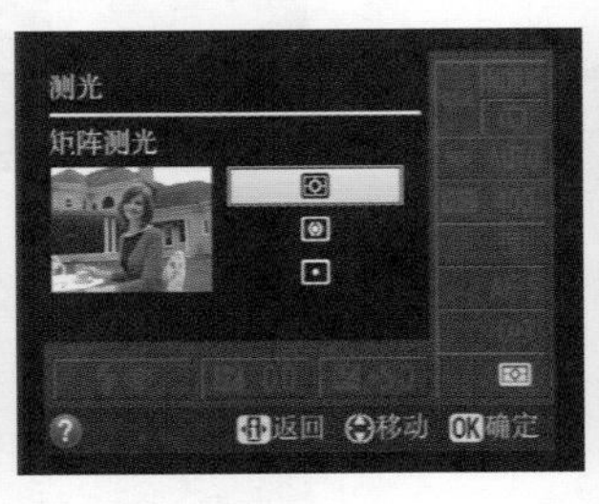

尼康机型：中高档机型按机身上的测光方式选择按钮，然后按方向键或转动拨轮即可设定测光方式；部分入门机型没有测光方式选择按钮，则可以按“i”快速选择按钮，在液晶屏上选择合适的测光方式。

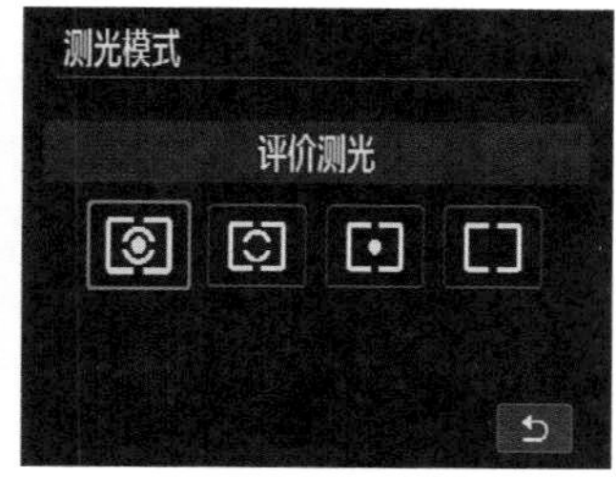

佳能机型：按机身的测光方式选择按钮，然后利用方向键或转动拨轮即可选择想要使用的测光方式。

何为评价测光

评价测光又称为分区测光，尼康相机称为矩阵测光。在这种测光模式下，相机会将取景画面分割为若干个测光区域，每个区域经过各自独立测光后通过相机中央处理器以及内建数据库进行分析与整合，达到正确曝光的目的。可见评价测光是对画面整体光影效果的测量。评价测光具有近似于人脑对环境中均匀或不均匀光照情况判断的能力，对各种环境都具有很强的适应性，因此用这种方式在一般环境中均能够得到曝光比较准确的照片。

一般来说，评价测光模式是数码单反相机中最常见的测光模式。测光时相机会测量整个画面的平均光亮度，适合于画面光强差别不大的情况。使用评价测光模式，可以满足大多数情况下的测光需要，但其问题在于，当环境光线复杂或光线亮度反差过大时，由于其所获得的测光数据仅仅是一个平均数值，对于过暗或是过亮的极端环境，会发生曝光值不准确的情况。一般情况下的风景照片多使用评价测光模式进行拍摄。

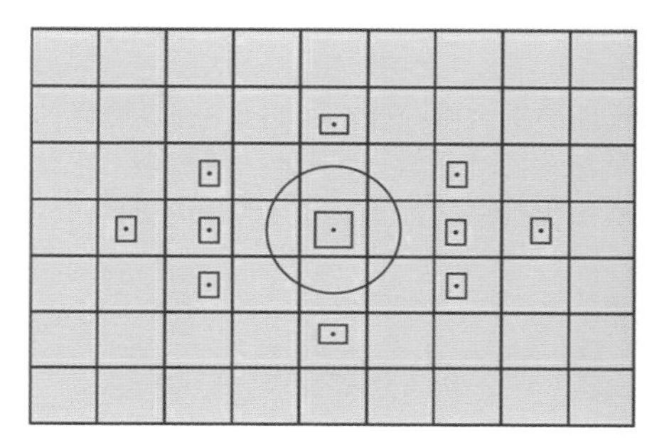

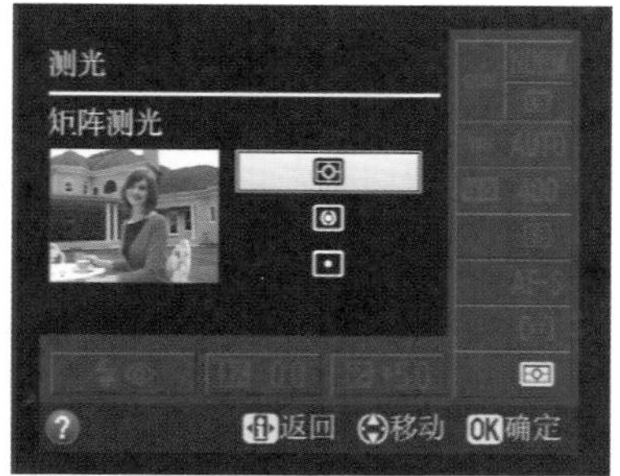

上方左图为佳能机型的评价测光示意图。在尼康机型中，评价测光被称为矩阵测光，上方右图为矩阵测光界面。

光圈 f/11.0，快门 1/180s，焦距 70mm，感光度 ISO200，曝光补偿 +0.5EV
使用评价测光可以获得画面各部分曝光都比较正常的效果。

何为局部测光

使用局部测光方式，测光时只对画面中央占画面 3% ～ 11% 的区域进行测光，最终获得的照片中这 3% ～ 11% 的区域内曝光正常，而其他区域曝光不正常，例如曝光不足或过度。局部测光模式适用于拍摄被摄主体位于画面中的某一部分或区域，并且该部分或区域与周围环境光线相差较大时，这样可以获得所需局部的曝光非常准确的照片。局部测光可以被认为是点测光的一个分支，特别能满足某些特殊的恶劣拍摄环境的测光需要。这种测光模式比较适合于舞台、人像等摄影题材，另外在逆光拍摄时也比较好用。

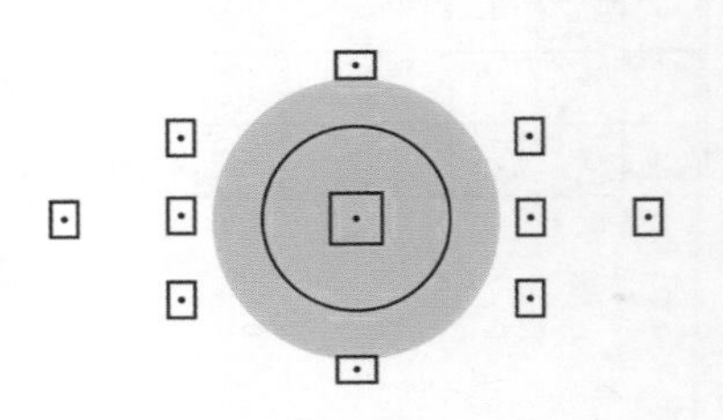

此为佳能局部测光示意图。

光圈 f/2.8，快门 1/40s，焦距 100mm，感光度 ISO400，曝光补偿 +0.3EV

使用局部测光对画面的某些局部进行测光，使该重点区域的曝光比较正常。本画面中的测光区域是树干上的几片黄叶。

何为中央重点平均测光

一般来说，当使用这种模式测光时，相机会把测光重点放在画面中央，同时兼顾画面的边缘。准确地说，即负责测光的感光元器件会将相机的整体测光值分开，中央部分的测光数据占据绝大部分比例，而画面中央以外的测光数据作为小部分比例起到测光的辅助作用。目前，许多数码单反相机都具备这种测光模式。使用这种模式测光的好处是，当画面出现高反差或色彩迥异的情况时，相机会对多个区域进行测光，并根据拍摄者的需要对某个区域进行重点测光，然后进行加权平均，这样，所获得的图像不易出现某个区域欠曝或过曝的问题，而对于那些重点的主体部位，图像却能很清晰地进行反映。因此，中央重点平均测光模式适合拍摄主体位于画面中间的照片，在拍摄人像照片时使用最多，亦常用于风光、微距等题材中。中央重点平均测光模式对画面 60% ～ 75% 的重点区域进行测光。

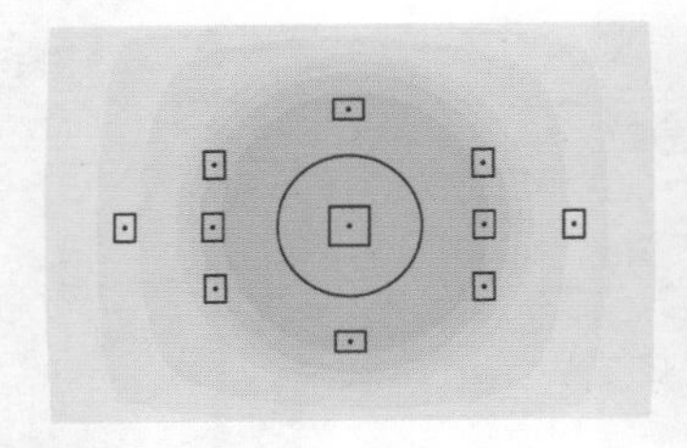

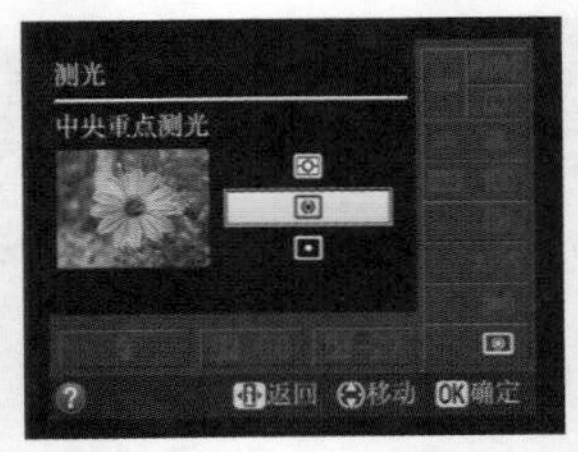

左图为佳能机型中央重点平均测光示意图。

在尼康机型中，该模式被称为中央重点测光，右图即为中央重点测光界面。

光圈 f/1.2，快门 1/2000s，焦距 85mm，感光度 ISO400，曝光补偿 -0.7EV

使用中央重点平均测光方式对舞台上的主体人物进行测光，并同时兼顾周围的舞台环境。

何为点测光

点测光模式是一种非常准确的测光方式，是指针对拍摄画面中心极小甚至为点的区域进行测光，测光区域面积占画面幅面的 1% ～ 3%（该数据根据相机机型的不同而有所差别，具体应参看相应机型的使用说明书），即在这一区域内的测光和曝光数值是非常准确的。采用点测光模式进行测光时，如果测画面中的亮点，则大部分区域会曝光不足，而如果测暗点，则会出现较多位置曝光过度的情况。因此，使用点测光模式进行测光时，测光点的选择一定要准确。当然，一条比较简单的规律就是对画面中要表达的重点或是主体进行测光。例如在光线均匀的室内拍摄人物时，许多摄影师就会使用点测光模式对人物的重点部位如眼睛、面部或具有特点的衣服、肢体进行测光，以达到符合欣赏者的视觉中心并突出主题的效果。点测光方式在新闻、人像、微距以及风景等题材中都有很好的使用效果。

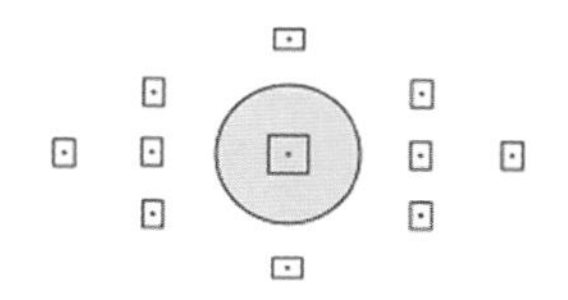

佳能与尼康机型中，这种测光模式均称为点测光。

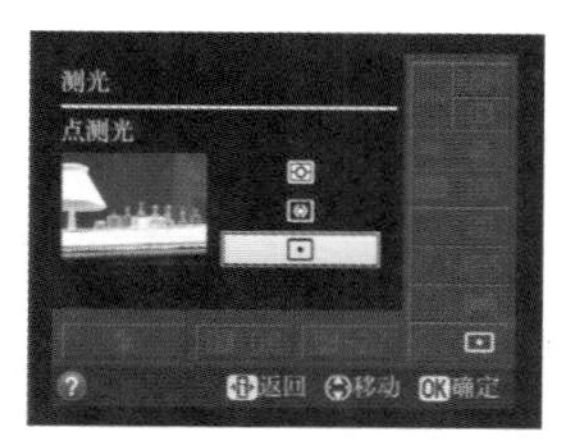

尼康相机点测光界面。

光圈 f/2.0，快门 1/2000s，焦距 200mm，感光度 ISO100，曝光补偿 0EV
使用点测光方式对人物面部进行测光，使这部分曝光正常，并压低了背景亮度。

Tips

点测光是一种比较高级的测光方式，对于初学者来说可能比较难，适合于有一定基础的摄影者或是资深单反用户。

第4章　摄影技术——光圈、快门、ISO感光度与画面效果

拍摄人像时想要获得美丽的虚化效果，需要光圈运用得当；拍摄体育运动时想要凝结运动员精彩的瞬间画面，需要使用合适的快门速度；而如果要让画面画质更细腻，则需要使用较低的ISO感光度。

4.1 光圈与照片虚实

光圈的概念与作用

光圈是镜头的一个极其重要的指标参数，通常是在镜头内控制透过镜头进入机身内感光面的光量。表达光圈大小用的是F值。对于已经制造好的镜头，我们虽然无法任意改变其直径，但可以通过镜头内部的或多边形或圆形、并且面积可变的孔状光圈来控制镜头通光量。

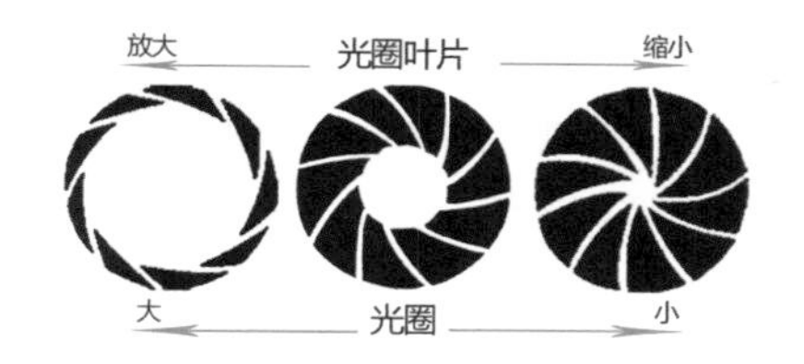

镜头内光圈的示意图。可以通过金属片的收缩与扩展来控制光圈的大小。

光圈的作用：控制曝光量

光圈有两个功能，其一是通过入光量的多少来控制摄影时的曝光程度，另外一个功能是通过改变光圈大小来调节所拍摄照片的清晰与虚化效果。

利用光圈大小的变化可以调整曝光值的高低，最终获得明暗不同的画面。光圈越大，进光量越多，画面越亮；光圈越小，进光量越少，画面越暗。

光圈 f/4.0，快门 1/640s，感光度 ISO250

光圈 f/5.6，快门 1/640s，感光度 ISO250

光圈大小不同，进入相机的光线量也不同，照片的明暗效果也相差很大。

光圈的作用：调节虚化效果

光圈另外一个主要作用是通过调节光圈的大小，获得画面或清晰或虚化的状态。光圈越大，近处的进光量所占比重越大，远处的景物越虚化；光圈越小，被摄体进光量分布越均匀，画面越清晰。

光圈 f/6.3，快门 1/320s，感光度 ISO250　　光圈 f/2.0，快门 1/1600s，感光度 ISO250
左图为使用中等光圈时的效果，右图为使用大光圈时的效果，右图背景虚化更明显。

光圈值的大小怎样衡量

我们常说的大光圈、小光圈、中等光圈等参数，具体是怎样衡量及分类的呢？下面来看衡量光圈的标准。一般情况下，F5.6 以下的光圈为大光圈，如 F5.6、F4.5、F4.0、F3.2、F2.8、F2.0、F1.4、F1.2 等；F6.3 ～ F9.0 的光圈为中等大小的光圈，如 F6.3、F7.1、F8.0、F9.0 等；光圈在 F10.0 以上时为小光圈，如 F10.0、F11.0、F13.0、F16.0 等。

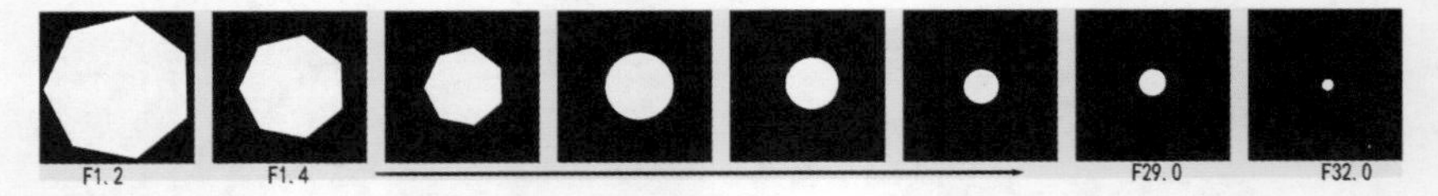

光圈值与实际光圈孔径大小的对比关系。

【光圈的设定】

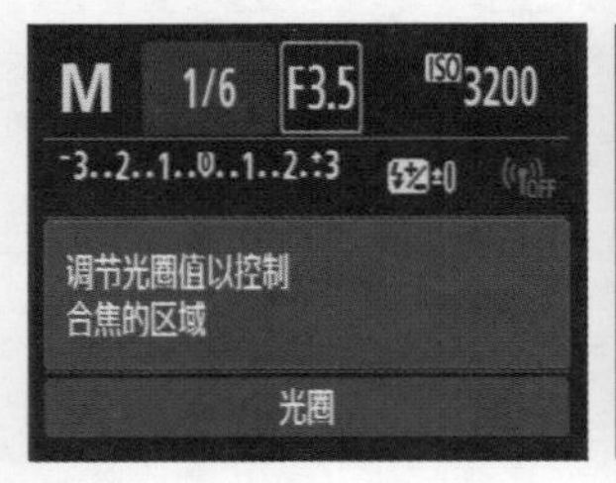

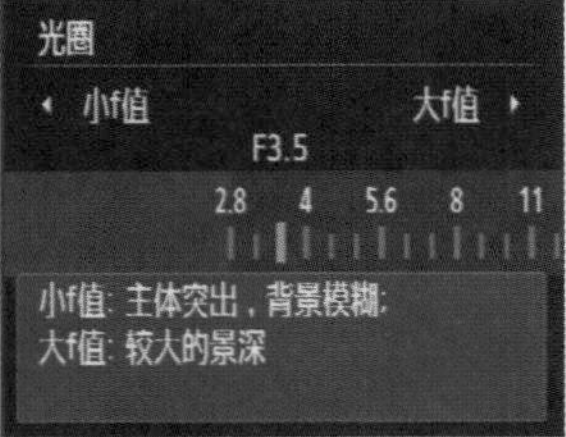

佳能机型：在 M、Av 拍摄模式下，转动速控转盘可以调节光圈大小；在 Av 拍摄模式下，转动主拨盘可调节光圈大小；在 B 拍摄模式下，转动主拨盘或速控转盘都可设定光圈大小。

副拨轮

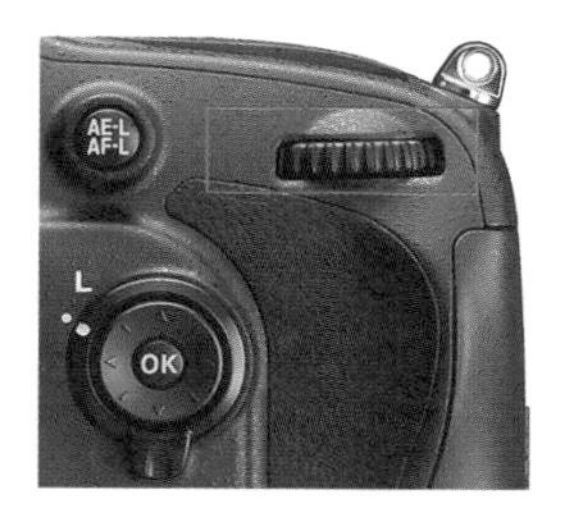

主拨轮

尼康机型：在 M 和 A 模式下，转动相机副拨轮可以改变光圈大小的设定；在 P 模式下，转动主拨轮可以更改曝光组合，相应地也就改变了光圈值。

景深究竟是什么

通俗地说，景深就是指拍摄的照片中，对焦点前后能够看到的清晰对象的范围。景深以深浅来衡量，清晰景物的范围较大，是指景深较深，即远处与近处的景物都非常清晰；清晰景物的范围较小，是指景深较浅，这时只有对焦点周围的景物是清晰的，远处与近处的景物都是虚化的、模糊的。营造照片画面各种不同的效果都离不开景深范围的变化。

光圈 f/2.8，快门 1/60s，焦距 50mm，感光度 ISO125，曝光补偿 -0.3EV

线内区域即为比较清晰的区域，也是人眼所能接受的清晰度范围，即景深范围内；模糊的区域即景深范围之外。

景深 4 要素

我们在拍摄照片时，光圈越大景深越浅，光圈越小景深越深。我们在拍摄人像时，如果想要突出人物主体，就需要比较浅的景深，这时就需要调大光圈。同时在拍摄景物时，如果想要使拍摄的主体清晰而背景模糊，这时也需要调大光圈。

在中间的对焦位置，画质最为清晰，对焦位置前后会逐渐变得模糊，人眼所能接受的清晰范围，就是景深。

光圈 f/2.8，快门 1/320s，焦距 200mm，感光度 ISO200，曝光补偿 +0.3EV
采用大光圈拍摄，可以使杂乱的背景得以虚化，从而突出主体动物。

焦距和物距是决定景深的另外两个重要因素。不同焦距的镜头之间无论是空间关系还是透视效果都不一样，景深和画面大小自然也不一样。焦距越大景深越浅，焦距越小景深越深。

光圈 f/5.6，快门 1/800s，焦距 300mm，感光度 ISO200
即使并不是太大的光圈，但如果焦距足够大，也能够获得很好的背景虚化效果。

所谓的物距就是指拍摄者与被摄体之间的距离，更准确地说是相机镜头与对焦点之间的距离。物距和景深密切相关，物距越大景深越深，物距越小景深越浅。

光圈 f/4.0，快门 1/60s，焦距 70mm，感光度 ISO100，曝光补偿 +0.3EV

光圈较大，焦距较长，但如果拍摄位置离被摄画面较远，也可以获得较大的景深，即景物都处于比较清晰的状态。

最佳光圈如何使用

一般来说，使用最大光圈与最小光圈都无法表现出最好的画面效果，大多数摄影者在拍摄时会选择使用能将镜头的性能发挥到极致的光圈数值，以拍摄出细腻、出色的画质，这个数值被称为最佳光圈。

最佳光圈是针对镜头而言的，是指使用某支镜头时能够表现出最佳画质的光圈。一般情况下，对于变焦镜头来说，最佳光圈范围是 F8.0 ～ F11.0。要注意，所谓的画质最佳，是针对焦点周围的画面区域而言的。而且从最佳光圈的数值范围我们可以看出，使用最佳光圈时，很有可能既无法表现出足够大的虚化效果，也无法获得很大的景深效果，所以使用最佳光圈要选对时机，不能仅仅因为对焦点周围画质出众而盲目使用。

光圈 f/11.0，快门 10s，焦距 57mm，感光度 ISO200，曝光补偿 -0.3EV
采用 f/8.0 左右的最佳光圈拍摄，可以获得更为细腻、锐利的画质。

技巧点拨：推荐使用最佳光圈的情况

● 拍摄大场景风光的时候，摄影点离景物比较远，画面中没有前景，只有中后景，再使用广角镜头拍摄，景物与相机的距离可以看做基本一样。

● 焦点以外的景物不需要太清晰，但也不能太模糊的时候，可以用最佳光圈。

● 只要主体清晰，其余清晰与否都不重要的时候，比如一般在拍摄民俗纪实作品时常常会用到最佳光圈。

实拍中大光圈的用途

了解了光圈的作用，我们就可以在实际拍摄中加以运用了。当光线比较弱时，我们可以采用较大的光圈，增加进光量，保证画面的曝光程度。另外，有时候为了突出主体对象，要虚化背景，那么设定大光圈就比较合适了。

光圈 f/2.8，快门 1/90s，焦距 140mm，感光度 ISO100，曝光补偿 -0.5EV

拍摄人像特写时使用大光圈，浅景深，使得背景虚化，让人物更加突显。

实拍中小光圈的用途

拍摄风光画面时，运用 f/8 ～ f/16 这样的小光圈，在保证画质的基础上控制好景深，小光圈的成像质量很好，不仅清晰度高，而且可以在一定程度上避免噪点的产生。在夜景拍摄中，为了体现光影效果，一般通过小光圈和长时间曝光来拍摄。在拍摄溪流、瀑布时一般也使用小光圈配合慢快门来拍摄出丝质流水效果。

光圈 f/8，快门 1/640s，焦距 17mm，感光度 ISO200，曝光补偿 -0.3EV
拍摄风光时，采用中小光圈拍摄，可以获得更大景深，让远近的景物都非常清晰。

4.2 快门与照片动静

什么是快门

快门有两种含义。俗称的快门是指相机顶部的快门按钮，快门比较准确的定义是指机身前侧阻挡光线照射进相机的装置（也有一些快门是安装在镜头内，称为镜间快门，但比较少见），在开启这一装置之后，可以控制光线照射感光元件时间的长短，即曝光时间。另外一种含义是指相机的曝光时间长短，在 EXIF 中有曝光时间这个参数，通常被称为快门时间或快门速度，单位为 s（秒）。

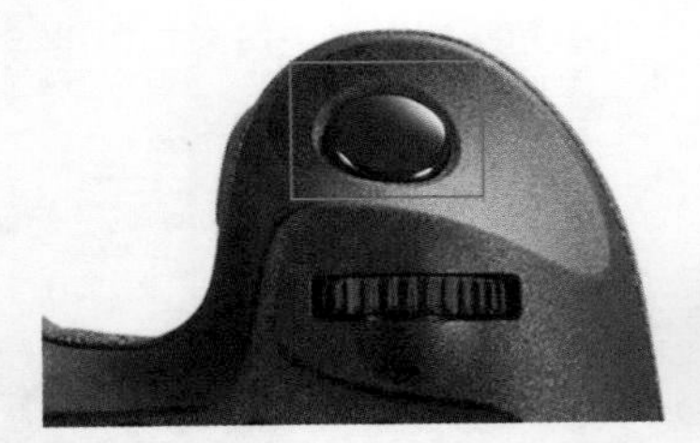

机身快门按钮。

快门：1/90s。

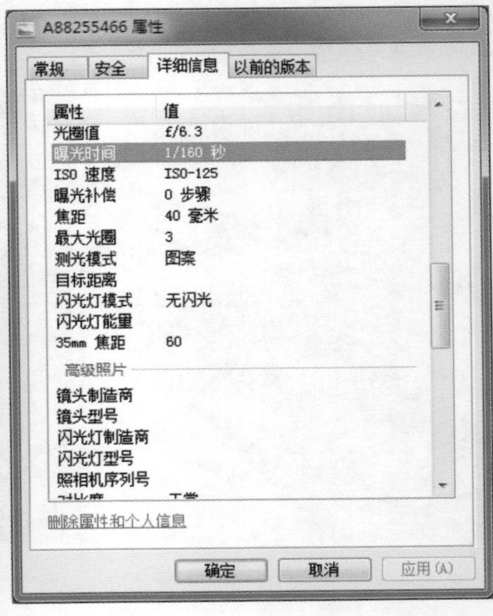

光圈 f/6.3，快门 1/160s，焦距 40mm，感光度 ISO125

在显示的照片参数中，曝光时间即为快门速度，也有时会简称为快门。

【快门的设定】

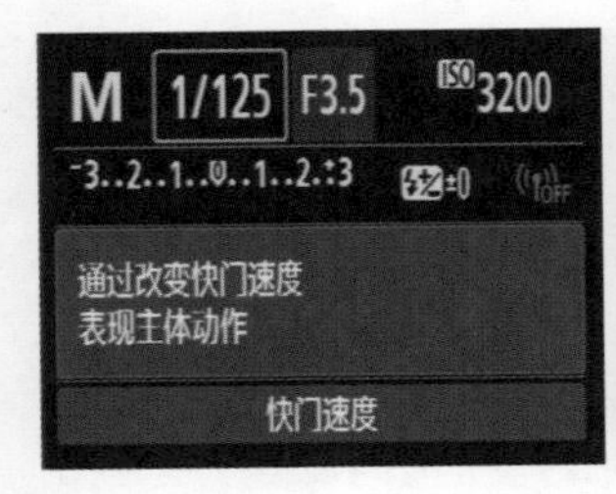

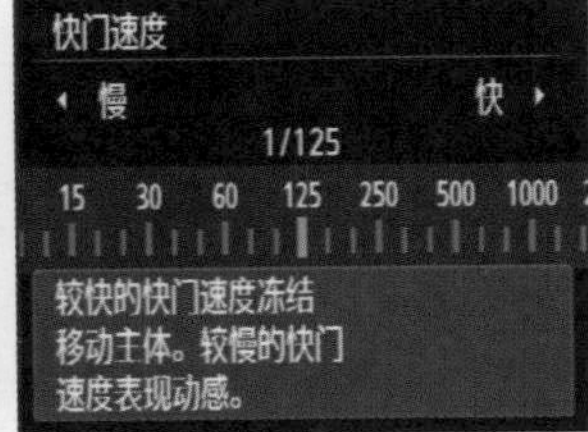

佳能机型：在相机的 M 全手动曝光模式或者是 Tv 快门优先曝光模式下，直接转动相机的主拨轮或是速控拨盘，均可以根据摄影者自己的需要来改变快门速度。

尼康机型：在S、M和P模式下，转动主拨轮均可以改变快门时间的设定。

快门的两个作用

快门的作用：控制曝光量

在控制曝光量方面，主要是针对光线条件比较极端的拍摄环境。如夜晚、晨昏这一类光线条件较差的环境，需要使用慢速快门进行长时间曝光，以获得合理的曝光量；而在正午室外的太阳光线下，环境亮度很高，就需要使用高速快门，以防止画面过曝。

光圈 f/16.0，快门 1s，焦距 100mm，感光度 ISO100，曝光补偿 -1.0EV
利用相对较慢的快门速度，可以增加曝光时间获得更多的进光量以达到正常曝光。

快门的作用：拍摄运动景物或动或静的状态

快门还可以控制运动对象的动感与静态凝结状态。拍摄运动对象时，一般的创作手法有两种，一是通过使用高速快门，捕捉运动主体瞬间的静态画面，就如同对正在播放的电影进行截屏一样；二是使用慢速快门，表现一种运动模糊的效果，最常见的例子是使用长时间快门拍摄小溪流水，能够拍摄出水流的轨迹，如丝质般柔化飘逸。

光圈 f/11.0，快门 8s，焦距 55mm，感光度：ISO100，曝光补偿 -1.0EV
只有在慢快门和小光圈的完美搭配下才能拍摄出这种水流如丝绸般的质感。

高速快门可以捕捉运动主体瞬间的静态画面，慢速快门则只能保证静止画面的清晰。当被摄体有动有静时，摄影者可以根据实际情况设定合适的快门速度，使静止的对象清晰，运动的对象模糊，这样可以在静止的画面上呈现出动静结合的感觉。一般这种拍摄方式的快门速度在 1/30s ～ 5s。

光圈 f/32.0，快门 1/2s，焦距 90mm，感光度 ISO800，曝光补偿 +0.3EV

采用 1/15s ～ 2s 的快门速度拍摄舞台表演，能够表现出演员肢体动作动静结合的效果，非常漂亮。

4.3 ISO感光度与照片画质

ISO 和感光度是否相同

ISO 感光度是摄影领域最常使用的术语之一，在胶片时代表示胶卷对光线的敏感度，分有 100、200 和 400 等。感光度越高，对光线的敏感度就越高，越容易获得较高曝光拍到更为明亮的画面，越适合在光线昏暗的场所拍摄，但是此时色彩的鲜艳度和真实性则会受到影响。在数码摄影时代，数码相机的感光元件 CCD / CMOS 代替了胶卷，并且可以随时调整 ISO 感光度，等同于更换不同感光度值的胶卷。

其实严格来看，ISO与感光度是不同的两个概念。感光度是指感光元件CCD / CMOS对于光线的敏感程度，而衡量这种敏感程度的单位是ISO。ISO有具体的数值，如100、200、400、800、1600等，数值越大，代表感光元件对光线的敏感程度越高。

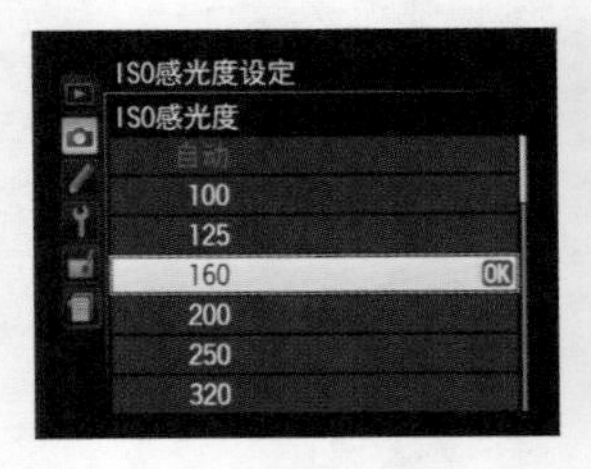

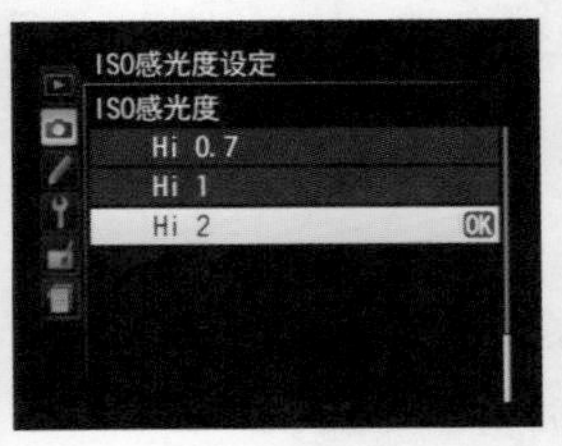

上图所示为尼康机型的ISO感光度设定菜单。从中可以很清楚地看到其ISO感光度范围是ISO100 ～ Hi 2。

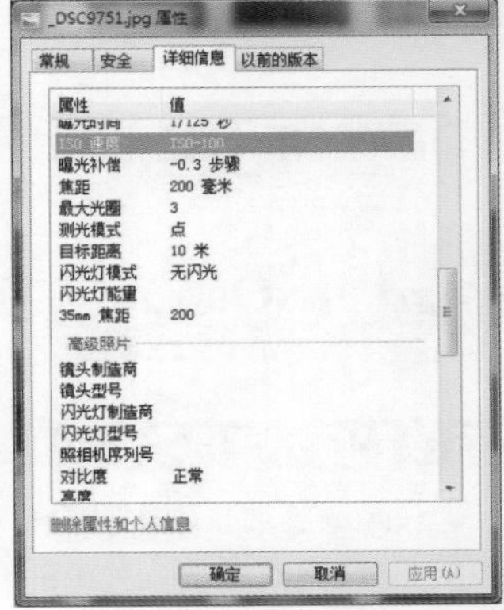

光圈f/4.0，快门1/125s，焦距200mm，感光度ISO100，曝光补偿-0.3EV

从右上图的参数列表中可以看到，拍摄这张照片所使用的感光度值为ISO100。

【感光度 ISO 值的快速设定】

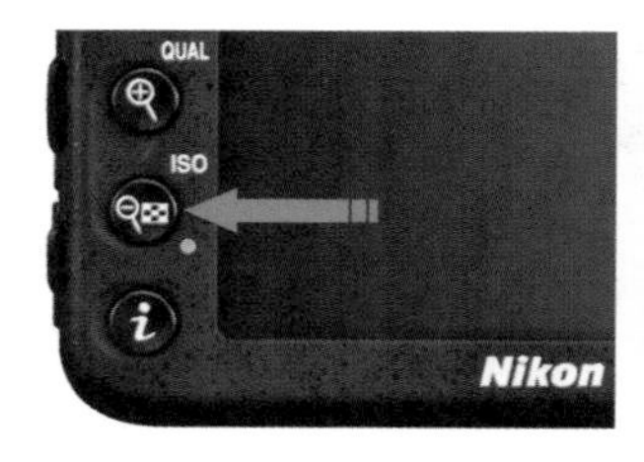

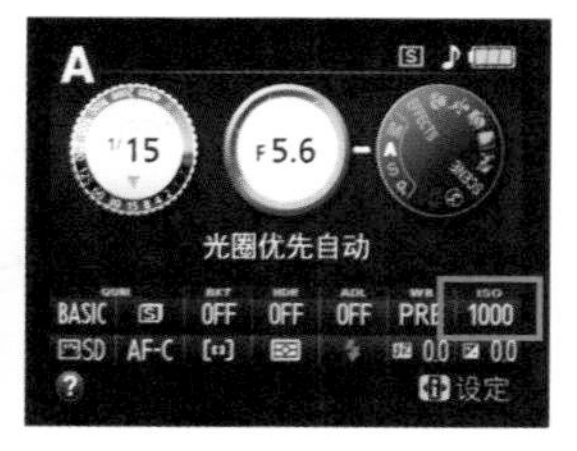

尼康机型：在拍摄时，按相机背面的 ISO 按钮，然后转动相机的主拨轮，即可快速切换 ISO 感光度的数值。

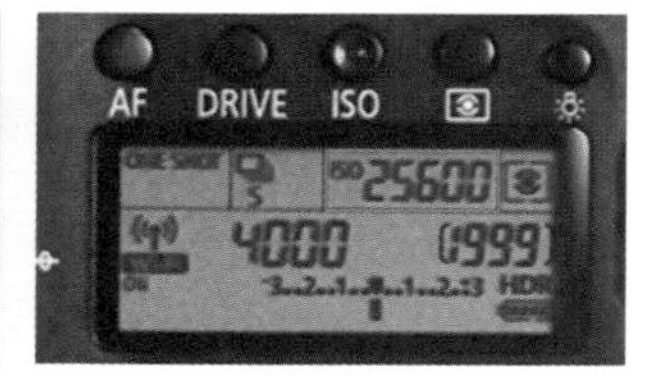

佳能机型：按下相机顶部的“ISO 按钮”，旋转主拨盘或速控转盘，选择适当的 ISO 数值即可。

Tips

当然，在相机的菜单内，也可以设定和更改 ISO 感光度数值，但这样操作的效率要低很多。

不同的感光度与画质

曝光时 ISO 感光度的数值不同，最终拍摄画面的画质也不相同。ISO 感光度数值发生变化即改变感光元件 CCD/CMOS 对于光线的敏感程度，具体原理是在原感光能力的基础上进行改变（比如乘以一个系数），增强或降低所成像的亮度，使原来曝光不足偏暗的画面变亮，或使原来曝光过度的画面变暗。这就会造成另外一个问题，在加亮时，同时会放大感光元件中的杂质（噪点），这些噪点会影响画面的效果。并且 ISO 感光度数值越高（放大程度越高），噪点也越明显，画质就越粗糙；如果 ISO 感光度数值较小，则噪点就变得很弱，此时的画质比较细腻出色。

感光度 ISO100

以 ISO100 的感光度拍摄的画面，画质非常细腻。

感光度 ISO25600

以 ISO25600 拍摄的画面，放大后可以看到画面中的噪点已经非常严重，影响到了照片的画质。

用低感光度拍摄风光画面

ISO感光度越高，对光线的敏感程度越高，曝光值也就越高。如果快门速度很慢，再使用很高ISO感光度，照片就容易过曝。拍摄水流时，通常需要设定较慢的快门速度，这样才能保证拍出水流的动态美感，但这时另一个问题出现了，那就是进光量过多，容易曝光过度。这时就需要我们设定较低的感光度了，这样才能更好地保证画面的曝光质量。

另外，设定低感光度可以让拍摄的画面中几乎没有任何噪点，确保最终照片有更好的画质。

光圈f/8.0，快门1/100s，焦距40mm，感光度ISO100

在拍摄一般的风光类题材时，只要现场光线不是非常弱，都建议使用较低的ISO感光度（最好是低于ISO800）拍摄。

手持相机拍摄弱光环境

有时候我们会碰到一些光源不足的环境，如夜景、餐厅等，此时如果我们既不能使用闪光灯又无法进行长时间拍摄时，就需要提高感光度了。感光度越高，相机对光线的灵敏度也会越高，这样能保证摄影者在弱光环境下拍摄出清晰的照片。

光圈 f/3.5，快门 1/20s，焦距 28m，感光度 ISO6400

夜间或光线不理想的条件下，如果要使拍摄到的画面中主体人物更为清晰，通常需要设定较高的感光度。

高感光度与长时间曝光降噪功能

相机的高感光度降噪功能可减少图像中产生的噪点。虽然该降噪功能可以应用于所有 ISO 感光度，但是对于高 ISO 感光度拍摄时产生的噪点特别有效。

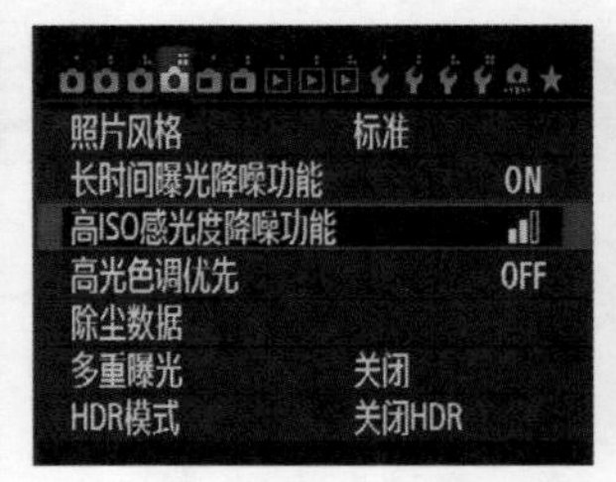

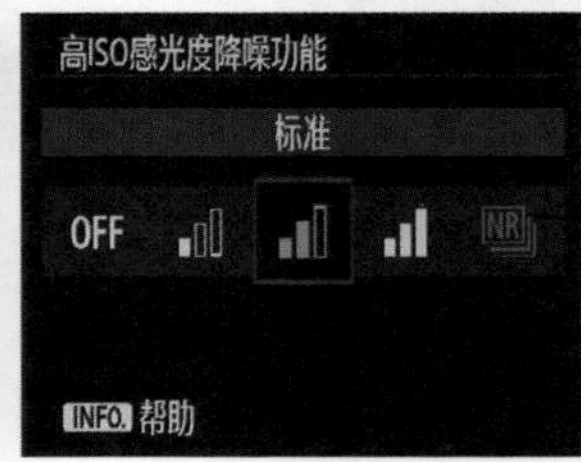

如果使用 RAW 格式拍摄，且用户有一定的后期处理能力，建议设定为“关闭”高感光度降噪功能，因为在后期软件（如光影魔术手、佳能 DPP 软件、Photoshop 等）中，均有很好的降噪功能，可以达到开启该功能所能达到的效果。关掉该功能可以节省相机的耗电量。

不开启降噪的画面。

开启降噪的画面更加细腻平滑。

光圈 f/5.6，快门 1/125s，焦距 85mm，感光度 ISO2000，曝光补偿 +0.3EV
从两张图细节放大对比可以看出，开启高感光度降噪功能后噪点明显减少，建议使用高感光度拍摄时开启此功能。

长时间曝光也会让噪点变得明显起来，相机为此设定了长时间降噪功能。但笔者不建议使用该功能，因为你曝光多长时间，就要相应地进行多长时间的降噪处理。也就是说拍摄一张快门 5 分钟的照片，降噪也要 5 分钟，这 10 分钟内你的相机无法操作。后期软件如此方便，实在没有必要耽误时间在降噪上。另外，开了这个功能，也会相当耗费相机的电量。

第5章 摄影技术——白平衡与照片色彩

相机能够将所拍摄的画面色彩准确地还原到照片中，白平衡设定在这一过程中起到了决定性作用。如果白平衡设定不正确，那么拍摄出的照片色彩一定是有问题的。

5.1 全面掌握抽象的“白平衡”

什么是白平衡

先来看一个实例：将同样颜色的蓝色圆分别放入黄色和青色的背景当中，然后来看蓝色圆给人的印象，你会感觉到尽管是同样颜色的蓝色圆，但是在不同背景中其色彩是有差别的。为什么会这样呢？这是因为我们在看这两个蓝色圆时，分别以黄色和青色的背景作为参照，所以感觉会发生偏差。

通常情况下，人们要以白色为参照物才能准确辨别色彩。红、绿、蓝三色光混合会产生白色，然后这些色彩就是以白色为参照才会让人们分辨出其准确的颜色。所谓白平衡就是指以白色为参照来准确分辨或还原各种色彩的过程。如果在白平衡调整过程中没有找准白色，那么还原的其他色彩就会出现偏差。

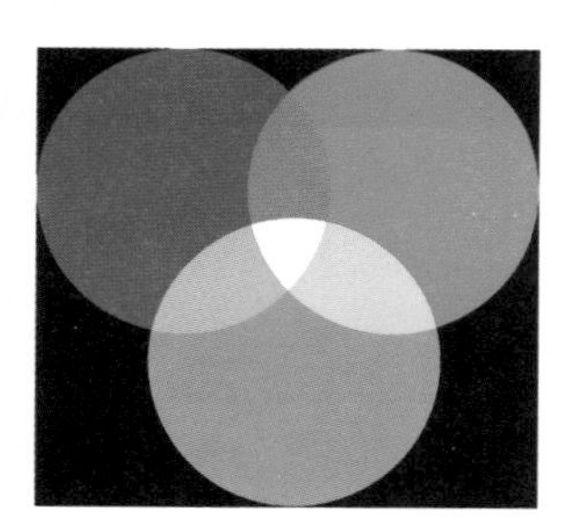

同样的蓝色分别以黄色与青色为背景，给人的色彩感觉是不一样的。要想能最准确地分辨色彩，需要与白色进行比对。

要注意的是，在不同的环境中，作为色彩还原标准的白色也是不同的。例如在夜晚室内的荧光灯下，白色要偏蓝一些，而在日落时分的室外，白色是要偏红黄一些的。

相机与人眼视物一样，在不同的光线环境中拍摄，也需要有白色作为参照才能在拍摄的照片中准确还原色彩。为了方便用户使用，相机厂商分别在不同的环境中测到了白色标准，并内置到相机中，这样用户在拍摄时，只要根据当时的拍摄环境，设定对应的白平衡模式即可拍摄出色彩准确的照片了。

光圈 f/6.3，快门 1/100s，焦距 50mm，感光度 ISO200
想要相机能够准确拍摄出场景的色彩，需要在拍摄时设定好正确的白平衡模式。

色温与相机白平衡

色温是物理学上的名词，它是用温度来描述光的颜色特征，由于它是由英国的物理学家开尔文发现的， 于是色温的单位也就由他的名字来命名——“开尔文”（简称“开”）。

举一个简单的例子，燃烧的火焰是会呈现多种色彩的，这种色彩的不同，主要就是因为火焰的温度不同造成的。火焰温度低的位置，呈现红光，稍高一些的位置火焰会呈现出了黄光、白光，而温度最高的部分是呈现蓝紫光芒的。

对于燃烧的火焰，随着温度逐渐升高，色彩也由红转黄，温度继续升高，色彩最终变为蓝色。

自然环境的色彩来源于光源的照射，太阳光线照射室外环境，灯光照射室内，这些光线也都是有色温的，即环境色彩与色温也是对应的关系，也即不同环境的白平衡是与色温值有准确的对应关系。例如，相机内的日光白平衡是在晴朗天气的室外太阳光线下测定的，而此时的色温大概在 5500K 左右，就是说日光白平衡模式对应的色温是 5500K。

光圈 f/13.0，快门 1/160s，焦距 200mm，感光度 ISO100

因为日光白平衡模式对应的色温大概是 5500K 左右，所以在拍摄时可以直接设定 5500K 的色温，这样拍摄出的画面色彩与设定日光白平衡模式拍摄的画面基本一致。

5.2 相机白平衡模式的分类与使用技巧

预设白平衡模式

针对大部分比较正常的环境（如白天室外的日光下、阴雨天气里、夜晚钨丝灯照明的环境等），相机厂商均测定了这些环境的白色标准及对应的色温值，将其内置到相机中，这样摄影者在这样的环境中拍摄时，直接调用对应的白平衡模式即可拍摄出色彩准确的照片。通常情况下，相机这种预先设置的白平衡模式有 6 种。

以下为相机内预设的白平衡模式、色温与适应场景的对应表。

白平衡设置	对应色温值	适用条件
日光白平衡（佳能） 晴天白平衡（尼康）	约5200K	适用于晴天室外的光线
阴影白平衡（佳能） 背阴白平衡（尼康）	约7000K	适用于黎明、黄昏等环境，以及晴天室外的阴影处
阴天白平衡（佳能） 阴天白平衡（尼康）	约6000K	适用于阴天或多云的户外环境
钨丝灯白平衡（佳能） 白炽灯白平衡（尼康）	约3200K	适用于室内钨丝灯/白炽灯光线
荧光灯白平衡（佳能） 荧光灯白平衡（尼康）	约4000K	适用于室内荧光灯光线
闪光灯白平衡（佳能） 闪光灯白平衡（尼康）	约5400K	适用于相机闪光灯光线

光圈 f/13.0，快门 1/160s，焦距 200mm，感光度 ISO100

在一些常见的光线环境中拍摄，可以直接调用相机内置的预设白平衡模式，即可获得准确的色彩。本画面即设定为日光白平衡模式拍摄的，因此得到了准确的色彩还原。

自动白平衡模式

自动白平衡功能 AWB（Auto White Balance），是相机预设的针对某些通用光源的最佳优化设置方案。相机可以根据通过镜头后的白平衡感测器感测到的情况，自动探测出被摄物体的色温值，再选择最接近的色调设置加以校正，从而白平衡控制电路自动将白平衡调到合适的位置。这一功能被称作自动白平衡调节。

随着当今数码摄影技术和应用的逐渐深入，相机的自动白平衡的准确率越来越高。在通常情况下，足以信赖自动白平衡的色彩还原效果。不同环境下自动白平衡的准确度也是摄影者关注的焦点。我们选择不同场景，使用自动白平衡设定进行拍摄，并观察色彩准确性后发现，在非极端的光线条件下，相机的自动白平衡设定完全可以做到准确的色彩还原。

光圈 f/6.3，快门 6s，焦距 24mm，感光度 ISO200

日落之后天空云层较厚时，使用阴天白平衡不是非常适合。像这种不太容易确定使用哪种预设白平衡模式更合适的场景，使用自动白平衡可以获得比较理想的色彩效果。

手动预设白平衡（尼康）/ 自定义白平衡（佳能）

如果拍摄现场环境中的光线条件比较复杂，如在荧光灯与钨丝灯光线混合的室外夜景，真实的色温应该介于 3200K ～ 4000K，那这样设定荧光灯或钨丝灯白平衡拍摄都不能获得最准确的色彩还原。这时可以使用手动预设白平衡（佳能称为自定义白平衡）进行拍摄。

相机内，虽然有自定义白平衡的选项，但是并不是说在选择界面中直接选择自定义白平衡就可以使用了，要先通过白色或反射率为 18% 的灰卡（即，中性灰）进行设定。这是什么概念呢？这就是说，因为光线的不同，摄影者眼睛在一个环境中看到的白色，在另外一个环境中可能就会变为粉红色等其他颜色，而自定义白平衡设定是通过白纸或中性灰在当前环境中的颜色表现，来告诉相机在当前的环境中，什么是真正的白色。设定白平衡的操作并不复杂，关键是摄影者应该明白其原理。

（1）寻找一张白纸或测光用的灰卡，然后设定手动对焦方式，相机设定 Av 光圈优先、Tv/S 快门优先、M 全手动等模式（之所以使用手动对焦，是因为自动对焦模式无法对白纸对焦）。

（2）对准白纸拍摄，并且要使白纸全视角显示，也就是说使白纸充满整个画面。拍摄完毕后，按回放按钮查看拍摄的白纸画面。

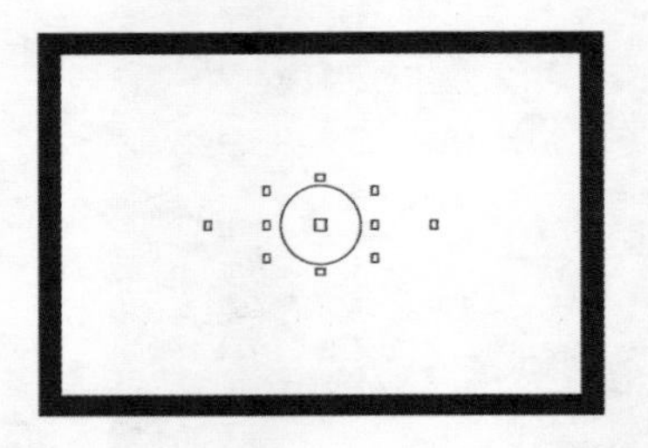

（3）按 MENU 按钮进入相机设定菜单，选择自定义白平衡菜单选项。此时画面上会出现是否以此画面为白平衡标准的提示，按 SET 按钮，然后选择确定选项，即将所拍摄的白纸画面设定为当前的白平衡标准。

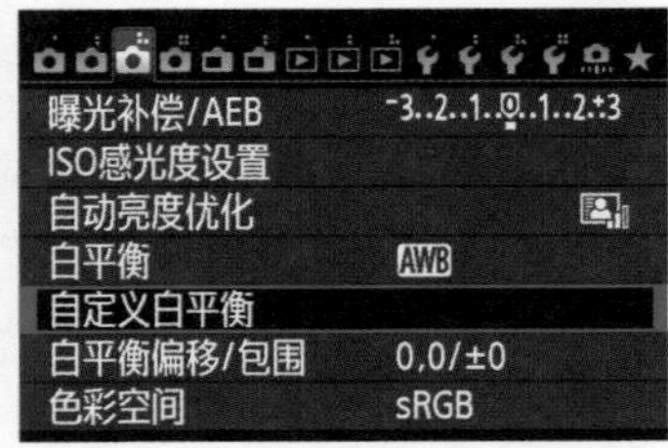

Tips

具体选择标准灰卡的灰色面、白色面还是纯白的 A4 打印纸进行手动白平衡校准，这要看个人喜好。但根据个人经验，使用灰卡背面进行白平衡校准的效果最好。

光圈 f/13.0，快门 10s，焦距 55mm，感光度 ISO100
经过自定义白平衡获取当前环境的色温值后拍摄，可以获得最准确的色彩还原效果。

手动设定色温控制白平衡

在光线复杂的环境中，使用常规白平衡模式往往不能获得准确的色彩。如果摄影者经验比较丰富，了解各种光线下大致对应的色温值，那么就可以手动进行色温值调整，设定到合理的色温作为白平衡标准，直接拍摄即可。

K 值调整模式可以在 2500K ～ 10000K 的范围内进行色温值的调整，数值越高，得到的画面色调越暖，反之画面色调越冷。K 值的调整本质是根据光线对应的色温值来调整的：光线对应的色温值多少就将K值调整为多少，就能得到色彩正常还原的图片（因为所有的色温模式值都能通过调整K值获得，所以许多专业摄影师选择此种模式调整色温）。

手动设定色温为5200K。

光圈 f/32.0，快门 1/60s，焦距 70mm，感光度 ISO1000

午后拍摄草原的美景，粗略估计现场在阳光照射下接近日光白平衡所对应的色温，因此手动将色温设定为5200K，可以发现基本上准确还原了现场的色彩。

白平衡与色彩

分别设定不同的白平衡模式，拍摄同样的画面，然后观察在不同白平衡模式下拍摄的照片的色彩。

自动：4900

日光：5500

阴天：6500K

阴影：7500K

白炽灯：2850K

荧光灯：3800K

闪光灯：5500K

自定义：4000K

此时环境色温为 4000K 左右，对比照片在不同白平衡模式（色温）下的色彩可以发现：相机色温高于实际色温时，拍得的画面会偏红；相机色温低于实际色温时，拍得的画面就会偏蓝；而经过自定义白平衡可以拍摄到色彩还原最为准确的画面。

通过创意白平衡打造更具魅力的色彩

1. 高色温白平衡营造热烈浓郁的氛围

如果相机设定的白平衡模式对应的色温高于拍摄环境的实际色温，那么拍摄到的照片会比实际拍摄场景的色彩偏红黄一些。利用这个原理，在拍摄清晨或傍晚时太阳光线下的风光画面时，可以设定色温稍微偏高一些的白平衡模式，这样拍摄出的画面会更加浓郁热烈。

2. 低色温白平衡让画面趋于平和理智

同样地，如果相机设定的白平衡模式对应的色温低于拍摄环境的实际色温，那么拍摄到的照片会比实际拍摄场景的色彩偏青或蓝一些。利用这个原理，在拍摄夜景时，可以设定稍微偏低一些的色温，这样拍摄的画面会趋于平静和理智。

光圈 f/8.0，快门 1/160s，焦距 90mm，感光度 ISO100

日落时分，光线强度下降，色温也会变低，大概为 4500K 左右，此时设定日光白平衡模式（5500K）拍摄，拍摄的画面色彩会比实际场景偏红，画面变得色彩浓郁热烈。

光圈 f/13.0，快门 1s，焦距 24mm，感光度 ISO100，曝光补偿 -1.0EV

夜晚的光线非常复杂，钨丝灯、荧光灯及天空散射的天际光线混合，色温会高于荧光灯的 3400K。此时设定荧光灯白平衡模式拍摄，可以让画面色彩变得偏冷一些，让画面多一些理智和平静的感觉。

第6章　摄影美学之构图

构图是摄影的基石，离开了正确的构图，摄影作品就无法表现出光影及色彩的美感。对于初学者来说，掌握一定的构图理论尤为重要。

6.1 构图元素

五大构图元素

构图是摄影的基础，也是摄影的灵魂。简单的构图形式很容易学到，但构图的精髓很难吃透。摄影构图是指在摄影中通过被摄画面中的点、线、面的组合，将景物更为合理、更为优美地表现出来。我们经常见到或是听到的构图形式可能就那几种，却不知道合理的构图形式其实是多种多样不胜枚举的，因此只是简单地掌握几种构图形式的意义并不是很大，关键是要明白其中的原理，也就是要知其然，更要知其所以然。接触摄影构图，要先了解一些具体的概念，比如前景、背景、主体、陪体、留白等。其中主体是所有元素中最为重要的，其他所有元素的存在都是为了更好地表达主体。

光圈 f/2.0，快门 1/1250s，焦距 200mm，感光度 ISO100，曝光补偿 -0.3EV

1 区域为主体，2 区域为陪体（与主体形成呼应，产生故事情节），3 区域为前景（使主体在画面中不至于显得突兀），4 区域为背景（修饰、衬托主体，交代环境信息），5 区域为留白。

主体与主题

好的摄影作品应该有非常鲜明的主题。主题就好比一篇文章的中心思想，鲜明的中心思想是必不可少的，这样画面才会给人更深层次的享受。如果主题不鲜明，画面就会乏味枯燥。

* 主题与主体的区别：两者都是构图的概念。类比影视作品理解，照片的主题即相当于电影所反映的中心思想，而照片的主体则对应于电影的主人公。通过主体表现力的塑造，可以让作品主题更加鲜明。如果主题不鲜明，无论影视作品还是照片，呈现出的东西都会枯燥乏味。

光圈 f/4，快门 1/8000s，焦距 105mm，感光度 ISO800

这张照片当中，主体非常明显就是蜜蜂，而照片的主题则是蜜蜂正在采蜜这件事。

光圈 f/13，快门 1/105s，焦距 10mm，感光度 ISO200

这张照片表现的是加拿大班夫国家公园的梦莲湖，画面整体色调低沉冷清，塑造出了高山雪地的自然美景。

光圈 f/10，快门 1/160s，焦距 14mm，感光度 ISO64

这张照片表现的是欧陆的自然风情，借助于对称式构图，画面显得非常漂亮。

Tips

需要注意的是，主题是一张照片最重要的内容，且必不可少，但主体则不一样。虽然绝大多数照片都有主体，但也有一些照片就如同纪录片一样，可能没有明显的主体对象，有的只是作为视觉落脚点的视觉中心，即焦点所在位置。

6.2 透视

初次接触透视这一概念的读者可能会不明其意，甚至许多有一定基础的摄影者可能都会觉得抽象，下面通过实例来形象地介绍一下透视的概念。

几何透视

人眼在看景物时，总会觉得眼前的景物相对较大，而远处的景物则相对较小，这其实只是人眼的感觉。例如人眼在看到相同大小的远近两处路灯时，总会感觉近处的路灯明显大于远处的路灯，这种人眼观察造成的感觉，即为一种透视的形式，而这种几何形状在人眼中的感觉，通常被称为几何透视。透视规律是完全适用于摄影学中的，可以将相机镜头看作是人的眼睛，成像平面即为感光元件 CCD 或是 CMOS，如果 CCD/CMOS 上所成像符合之前介绍的透视规律，则说该摄影作品透视好，反之则差。

光圈 f/13.0，快门 1/160s，焦距 28mm，感光度 ISO200，曝光补偿 -0.7EV

左侧画面中的栈道表现出很明显的透视感。

光圈 f/11.0，快门 1/250s，焦距 12mm，感光度 ISO200，曝光补偿 -1.3EV
河道由宽及窄的变化及山体近大远小的对比都使画面表现出很强的透视感。

影调透视

之前所介绍的透视规律涉及的是空间几何领域，强调的是被拍摄对象的空间位置关系。而根据人眼的视觉体验我们还可以知道，远处的景物在人眼中会显得比较模糊，并感觉像是被蒙上了一层薄雾，而近处的景物则非常清晰，这也是透视规律的一种表现，可以称为影调透视。这样看来，在摄影领域远近景物之间的透视规律的体现有近大远小的几何透视，还有近处清晰远处模糊的影调透视。好的摄影作品往往是这两种透视规律都非常明显。特别是大场景的风光作品中，几何透视化线条优美，画面整体空间感强，而影调透视则使画面变得深远，意境盎然。

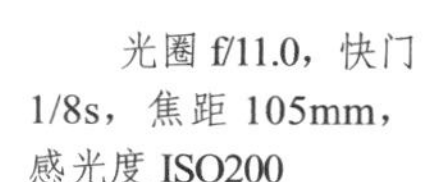

光圈 f/11.0，快门 1/8s，焦距 105mm，感光度 ISO200

近景清晰的水面，向远方逐渐变得模糊，这是影调透视的一种典型表现。

焦点透视

绝大多数摄影作品的透视都是焦点透视。所谓焦点透视，是指人眼或相机在一个位置面对眼前的场景取景，而非左右或上下扫视取景。

这种焦点透视的画面，给人比较紧凑、比较完整的感觉。

光圈 f/8，快门 1/20s，焦距 182mm，感光度 ISO100

这张照片很明显是焦点透视效果，画面既符合近大远小的几何透视关系，也符合近处清晰远处朦胧的影调透视关系。而灭点则有两个，一个是远处消失的地面景物，另一个是右上方太阳光源的位置。

散点透视

散点透视是与焦点透视相对的概念。在摄影创作领域，散点透视比较难以控制，一旦控制不好，就容易让画面显得结构不紧凑，甚至会显得有些散乱。所谓散点透视，是指拍摄时好像是有多个观察点，通过不同的观察点来观察画面的局部。例如，我们在爬山时，随时观察景色，等到山顶后就已经观察到了很多个场景，最后再把所有观察到的场景拼合起来，最终得到的画面便属于散点透视。

从摄影的角度说，焦点透视的画面会显得结构紧凑，画面干净，更容易出彩。所以在取景构图时，要尽量控制自己的取景范围和对象，让画面尽量符合焦点透视关系。

焦点透视常见于西方绘画艺术，而散点透视则常见于中国传统绘画艺术。中国古代的山水画，很多就是散点透视的代表。

这种传统中国画，很明显是散点透视的代表。画家仿佛在画面之前，从左走到右侧，在多个不同点观察，最终得到了这种散点透视的效果。

6.3 黄金构图法则

学习摄影构图，黄金分割构图法（以下称为黄金构图法则）是必须掌握的构图知识，这是因为黄金构图法则是摄影学中最为重要的构图法则，并且许多种其他构图法都是由黄金构图法则演变或是简化而来的。而黄金构图法则又是由黄金比例分割演化而来的。黄金比例分割据传是古希腊学者毕达哥拉斯发现的一条自然规律，简单来说就是在一条直线上，将一个点置于黄金比例的分割点上时给人的视觉感受最佳。

黄金比例分割

古希腊学者毕达哥拉斯发现，将一条线段分成两份，其中，较短的线段与较长的线段之比为 0.618：1 时，这个比例能够让整条线段看起来更加具有美感；而且，较长的线段与这两条线段的和的比值也为 0.618：1，这是很奇妙的。

到了摄影领域，针对当前比较常见的 3：2 的照片画面比例，我们将画面分为 3 份，具体怎么分的呢？其实很简单，在 3：2 比例的照片中引一条对角线，然后从其余两个角中的任意一个角向这条对角线引一条垂线。这样，就将画面分为 3 部分，如下方左图所示，分别为 a、b 和 a+b，其中，a 的面积与 b 的面积之比就近似于 0.618：1；b 的面积与 a+b 的面积之比也近似于 0.618：1。

如果我们拍摄照片时，对主要景物的分割也按照这种比例来划分，那么照片看起来就会具有美感，就会是非常成功的构图，照片就会好看。这就是黄金比例在摄影中的一个具体应用。

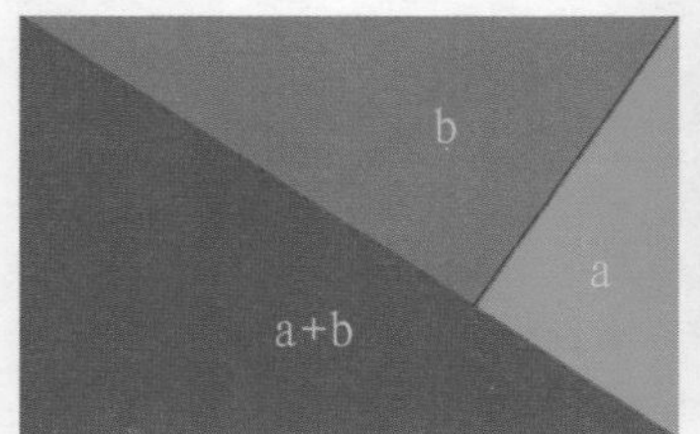

光圈 f/22，快门 30s，焦距 32mm，感光度 ISO100

看一下这张照片。画面基本上可以分为 3 个部分，分别为上方的天空区域，左下方的黄色区域和右下方的红色区域。这张照片给人的感觉还是不错的，主要是因为它符合黄金构图法则。

我们对这张照片进行黄金分割，可以看到，画面的 3 个部分分别位于黄金分割后的 3 个区域内，这就是黄金构图法则的一个典型应用。

黄金构图点

在实际的拍摄中，我们不可能将每个场景都如此精确地划分为 3 个部分，因此我们往往专注于寻找构图点，也就是黄金构图点。黄金构图点通常是指对照片进行黄金分割后，从一个角向对角线引的垂线的垂足。构图时，将主体景物置于该黄金构图点上，就能够使主体景物醒目和突出。

需要注意的是，在划分画面；连接对角线时，可以从画面左上角向右下角连接，也可以从右上角向左下角连接；引垂线时，每条对角线可以引两条垂线。这样，一幅画面中就有 4 个黄金构图点。在具体的实拍中，主体景物要放在哪个黄金构图点上，就要根据现场的实际情况灵活选择。

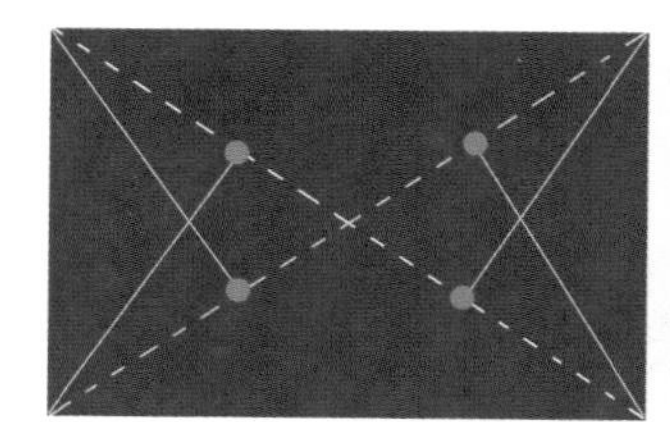

光圈 f/6.3，快门 1/20s，焦距 50mm，感光度 ISO100

看一下这张照片。画面中的主体，即船只，恰好落在黄金构图点上，这就既确保了主体景物醒目突出，又让画面符合人的审美规律，也符合最基本的美学观点。这就是黄金构图点的一个典型应用。黄金构图点构图又是经典黄金构图的一个简化，也是一种常见的构图形式。

三分法构图

由于不可能为每个场景都如此精确地寻找到黄金构图点的位置，因此大多数情况下我们可以采用一种更为简单、直接的方式来进行构图：我们用线段将照片画面的宽边和高边分别进行三等分，那么等分线条的交点就会比较接近黄金构图点的位置，将主体置于三等分的交叉点上，会有很好的效果。我们可以将这种方式称为三分法构图。

在具体的实拍中，主体景物要放在哪个构图点上，就要根据现场的实际情况灵活选择。

除点对象之外，对于照片中大量的其他景物，我们也可以按照三分的方式进行构图和布局。比如说，我们将天际线放在三分线的位置，将天空与地面景物按照三分的方式安排，画面往往会有不错的视觉效果。

因为所谓的三分，也是源自于黄金分割，分割出的画面效果也符合美学规律，让人看起来比较协调、自然。唯一需要注意的是要将拍摄主体放在画面的上 1/3 处还是下 1/3 处。

光圈 f/13，快门 1/320s，焦距 23mm，感光度 ISO100

仔细观察画面，如果将画面上下分为三份，天空占一份，那么地面占两份，这其实就是常见的三分法构图。也就是说，三分法构图是黄金构图的简化版。

视点构图

除黄金构图法、三分法构图外，在摄影画面中，还有许多点或区域可以作为欣赏者的视线兴趣中心，例如右图中所画出的，可以方便摄影者构图时作参考。在画面中画两条对角线，对角线因交叉而被分为4段，然后将每条线段均分为三等分，然后连接8个等分点，这样中间会划分出8条（右图中实心的）线段，这8个点与8条内部线段均是比较好的放置主体的位置，均能够较强地吸引欣赏者的注意力。较小的主体可以放置在构图点上，稍大一些的主体可以放置在实心线段上。

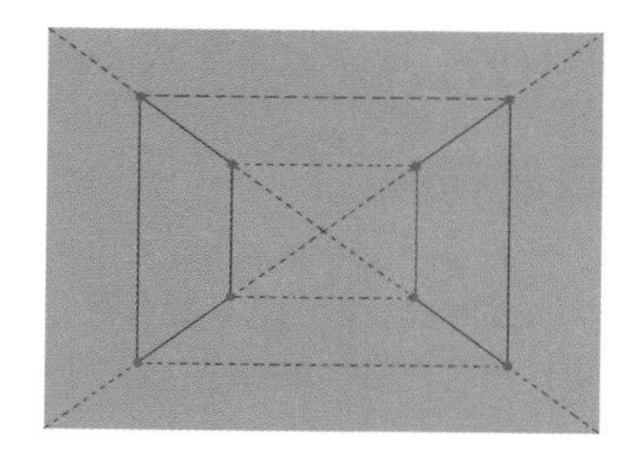

实线段与黑色的标记点均为很好的视点构图位置，可根据主体相近的大小来决定其在画面中的位置。中间的4个点与黄金构图点的位置相近，而将外围的4个点作为构图位置的情况也比较常见。

光圈 f/8.0，快门 1/250s，焦距 115mm，感光度 ISO400，曝光补偿 -1.3EV

虽然主体没有位于黄金构图点上，但其所在的这些画面区域也是很好的视点构图位置。

6.4 对比法则

大小对比构图

大小对比构图是指画面中的主体对象存在明显的大小差别，从而让画面产生更强的视觉冲击力或趣味性。需要注意的是，使用大小对比的景物最好是同一种，并且最好是在同一个平面上，如果产生了远近的变化，那就不属于大小对比构图了。

光圈 f/5，快门 1/320s，焦距 70mm，感光度 ISO100

一大一小两个人物，之间构成了巧妙的对比和联系，你会很自然地去联想他们的关系。

远近对比构图

远近对比与大小对比是有一定联系的，它们同样是有大有小，但远近对比还会有距离上的差异。这种对比形式的画面显得内容和层次更加丰富，并且有可能蕴含一定的故事情节，让画面更加耐看，更有美感，因为它符合了人眼的视觉透视规律。

光圈 f/4.5，快门 1/640s，焦距 70mm，感光度 ISO100

看一下这张照片，同样的牛近大远小，但是这时就不能称之为大小对比构图，这就是一种新的构图形式。同样大小的对象，由于空间的变化产生了视觉上的大小差异，这就是近大远小的远近对比构图。

明暗对比构图

一般情况下，明暗对比构图强调的是受光处的对象。明暗对比构图的最大优势是能够增强画面的视觉冲击力，使画面显得非常醒目和直观。

光圈 f/2.8，快门 1/320s，焦距 70mm，感光度 ISO100

看一下上面这张照片。背景及周边景物处于阴影里，是非常暗的，而作为主体的猫咪受窗光照射，非常亮，形成了强烈的明暗反差。这种明暗反差给人的视觉感受，强调了受光处猫咪的视觉效果，也就是说，我们通过明暗的对比来强调了亮处的对象，这便是明暗对比构图的应用。

虚实对比构图

虚实对比是一种非常常见的构图形式，它是以虚衬托实（清晰），以突出主体，强化画面的主题。

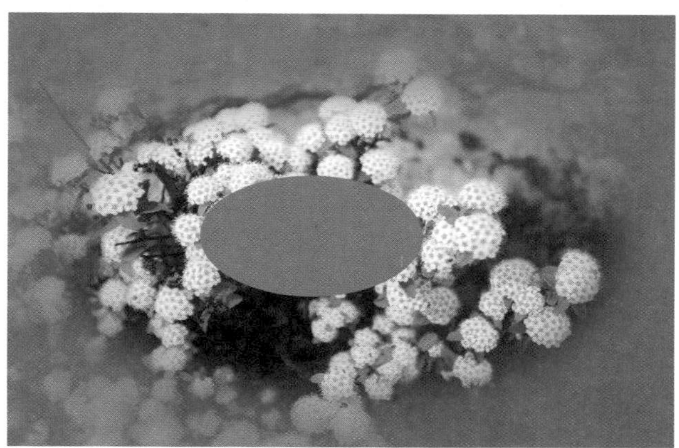

光圈 f/4，快门 1/5000s，焦距 35mm，感光度 ISO320

以这张照片为例，以虚化的背景花卉衬托清晰的主体。需要注意的是，这种虚实对比一定要确保主体部分是清晰的，并且，也不能让虚化的区域过度虚化，不保留一点轮廓，否则就起不到虚实对比的作用了。

色彩对比构图

这里需要注意的是，好的色彩对比并不是随意的颜色排列，最好是选择互为互补色的两种色彩进行对比，例如洋红与绿色、青色与红色、蓝色与黄色等，这样更容易产生强烈的色彩对比效果，更有利于表现画面的视觉冲击力。

光圈 f/4，快门 1/800s，焦距 200mm，感光度 ISO320

看一下上面这张照片，虽然，其看似是运用了明暗对比，以暗来衬托明，但其实，本照片是利用了色彩对比原理，利用了大片深浅不一的绿色来衬托洋红色的荷花。所谓“万绿丛中一点红”就是这个道理，是一种典型的色彩对比。洋红色与绿色本身就是互补色，二者之间的色彩反差是非常大的，再加上背景偏暗的绿色衬托，这种对比效果便更加强烈。

动静对比构图

下面来看另一种对比法则，即动静对比。所谓动静对比，有多种表现形式。

光圈 f/5.6，快门 1/640s，焦距 208mm，感光度 ISO100

植物的静态与昆虫的动态形成对比。这是花卉摄影中最典型的一种对比构图方式。

光圈 f/29，快门 1/2s，焦距 78mm，感光度 ISO1250

这张照片也是一种典型的动静对比形式，利用了速度差来营造出对比效果。我们以相对较慢的快门速度拍摄，那么较快的运动对象相对于快门速度来说就太快了，相机无法捕捉它瞬间清晰的画面，因而产生了运动模糊，就像画面中的出现动态模糊的人物一样；而画面中运动速度较慢或静止的对象，则被清晰记录下来。这样，画面中就同时记录下动静不同的状态。

6.5 掌握常规的构图形式

高机位俯拍

高机位俯拍即俯视取景，是指摄影镜头要高于被摄对象，是一种居高临下的方式拍摄。采用轻度俯拍的方式可以比较容易地拍摄出景物的高度落差，搭配广角镜头与较大的物距，可以拍摄出画面广阔的空间感。采用高位俯拍的拍摄方式会压缩画面主体的视觉比例，使其投射在广阔的背景上，造成夸张的大小对比。俯视取景搭配广角镜头可用于拍摄大场面的风光作品，特别是平面风光，如花田、草原等，如果采用平视的角度，可能无法表现环境远处的景观。

光圈 f/9.0，快门 1/800s，焦距 24mm，感光度 ISO200，曝光补偿 -0.7EV

采用并不是特别高的机位，即轻度俯拍，既可以拍摄下更多的景物，还能兼顾画面景别之间的高度落差，是一种非常好的拍摄方式。

低机位仰拍

低机位仰拍即仰视取景，是指镜头向上仰起进行拍摄，获得的摄影作品中被摄对象看起来会显得更高大、更重要或更有气势。如果靠近被摄主体拍摄，还能使照片中的构图元素富有极度近大远小的夸张透视感觉。仰视取景时，相机向上仰起的角度也有两种选择，45° 左右的仰角可以拍摄出主体高大有气势的形象，例如仰拍美女人像时，可以拍摄出对象修长的腿部；如果将相机的仰角调整到 90° 左右，则会营造一种使人眩晕的画面效果，非常具有戏剧性和压迫性，冲击力十足。

光圈 f/22.0，快门 1/40s，焦距 16mm，感光度 ISO200

仰拍圆明园大水法遗址残留的建筑物，在提升主体气势的同时，会给人一种眩晕的视觉冲击力。

平拍的特点

平视取景是指相机与被摄对象处于同一水平面上时的拍摄过程，这种拍摄角度符合人眼看一般景物时的视觉习惯。平视取景拍摄的照片效果一般比较平稳安定，如果是普通照片，往往视觉冲击力不是很强。但并不是说平视取景就不能拍摄出视觉冲击力较强的照片，如果要提高画面的冲击力，可以在画面色彩与影调方面进行特殊处理，或采用特殊的拍摄手法使得画面更富有震撼效果，如使用变焦法拍摄等。

光圈 f/8.0，快门 1/250s，焦距 116mm，感光度 ISO200，曝光补偿 -0.7EV

平拍是构图中最多的拍摄方式，符合人眼的视觉规律，画面会看起来比较自然。

横画幅构图

画幅分为横画幅与竖画幅，所谓横画幅与竖画幅即是指拍摄时使用横构图拍摄还是竖构图拍摄。横拍主要用于拍摄风光等题材，能够兼顾更多的水平景物。由于人眼视物是从左向右或从右向左的，相当于在水平方向上左右移动，所以横幅拍摄更容易兼顾地面的场景对象，表现出更加强烈的环境感与氛围感。

人眼所见的景物大多不是自上而下分布的，而且自上而下分布的景物往往没有太多的环境感，所以使用横幅拍摄更容易交代拍摄环境。

光圈 f/6.3，快门 5s，焦距 14mm，感光度 ISO100

场景当中，人物在进行摄影创作。这张照片就是使用横画幅拍摄的，可以看到道路左侧有很多摄影师和三脚架，远处有一些村落、丘陵等景物，二者结合交代了人物所处的环境。整体的场景以及周边的人物共同营造出了摄影师创作的环境感，渲染了特定的创作氛围。可以设想一下，如果采用竖幅（直幅）拍摄，那么画面截取的范围就将只有人物，画面的两侧区域会变窄，会导致无法渲染或交代人物所处的环境和状态。

竖画幅构图

竖拍也称为直幅拍摄，使用这种拍摄方式时，画面的上下两部分的空间更具延展性，有利于表现单独的主体对象，比如说单独的树木、单独的建筑物或山体等，能够强调主体自身的表现力。

光圈 f/11，快门 1/640s，焦距 17mm，感光度 ISO100

这是在阿斯哈图石林拍摄的一张延时照片。岩石本身并不是特别高大，但是采用竖幅的方式进行拍摄能够弱化周边环境带来的干扰，将岩石自身的形状、纹理以及高度强化，最终借助于延时摄影自身的表现力提升了画面的表现力，这也是竖幅构图的优势。

构图的横竖选择并不简单，尤其是在拍摄人像时。通常情况下，拍摄人像写真更多的是侧重于强调人物的面部表情、肢体动作以及身材线条，这样的话，就需要弱化环境感带来的干扰，因此竖幅构图是更理想的选择。

光圈 f/1.4，快门 1/2000s，焦距 50mm，感光度 ISO100

本图就是借助竖幅构图弱化了环境的干扰，突显了人物自身的形象，使得人物的表情和动作能更加醒目地凸显出来。从这个角度来说，拍摄人像写真时使用更多的是竖幅构图是不无道理的。

水平线构图

构图时，地平线是最为常见的线条，特别是在风光类摄影题材中，水平、舒展的地平线能够表现出宽阔、稳定、和谐的感觉，而借助于地平线的构图被称为水平线构图。水平线构图是最基本的构图方法，对于初学者来说，通常采用的拍摄方式就是水平线构图。这种构图形式非常简单，只要确定好了水平线位置，画面整体构图就很少会出现重大失误。包括三分法构图在内的许多构图形式也可以看作是水平线构图的复杂应用。

在拍摄风光作品时，地面与林木、地面与天空、水面与林木、水面与天空等景物组合的构图都可以使用水平线构图来实现；另外建筑摄影构图中首要解决的问题就是建筑物的水平线要平，否则画面整体就会失去协调。

光圈 f/8.0，快门 1/640s，焦距 70mm，感光度 ISO100
利用水平线构图拍摄自然风光，画面会给人一种平稳、和谐和恬静的感觉。

竖直线构图

与水平线构图相对，竖直线构图也是一种常见的构图形式，能够给欣赏者以坚定、向上、永恒的心理感受。竖直线构图应用的范围要比水平线广泛一些，可以在风光、人像、微距等多种题材中使用。如果要使用竖直线构图，则画面中最好不要出现过多的景物，特别是不要出现过多的杂乱线条，否则会影响画面表现力。具体来看，拍摄树木、建筑物时竖直线构图比较常见，能够表现树木的挺拔、坚韧，表现建筑物的雄伟和气势。

由于人的视觉习惯是自左向右延伸，因此打破常规的上下方向延展的竖直构图能够表现出很强的视觉压迫和冲击力。如果能够将景物拉近拍摄，效果则更佳。

光圈 f/4.5，快门 3.6s，焦距 12mm，感光度 ISO100，曝光补偿 -1.3EV

利用竖直线构图的方式拍摄建筑物或一些林木，能够表现出雄伟高大或是挺直向上的感觉。

6.6 几何构图

无论是完美或是有瑕疵的摄影作品，其构成要素不外乎是点、线、面。摄影作品中的点可以极大地吸引欣赏者的注意力，并可以起到稳定画面的作用，例如人像摄影作品中，最能够吸引欣赏者视线的就是人物的眼睛这个点。线条在画面中可以用于分割面，并且可以引导欣赏者的视线，使画面产生动感与韵律感。面则可以使欣赏者的视线有平稳的过渡，并且面的明暗能够为摄影作品增加立体感。

利用线条构图

曲线的作用在于调节画面的节奏，或者引导欣赏者的视线，也可以串联不同的主体。曲线是摄影中最常见的线条，是非常重要的一种构图元素，对曲线掌控的好坏直接关系到照片最终构图的成败。合理的曲线具有很强的力量感和节奏感。

光圈 f/13.0，快门 1/160s，焦距 28mm，感光度 ISO200，曝光补偿 -0.7EV

沙脊的线条引导视线延伸到画面深处，可以增加画面的立体感和意境。

点构图要注意控制什么问题

单点在构图中最重要的两个应用是它的位置及大小比例。通常来说，点的位置安排会关乎照片的成败。前面介绍过黄金构图点，那么最简单的技巧就是将构图中的点，即主体放在黄金构图点上，或者可以放在三分线上，这都是很好的选择。当然，还有一些其他可放置主体点的位置，我们应根据场景的不同及主体点自身的特点来进行安排。

光圈 f/6.3，快门 1/80s，焦距 230mm，感光度 ISO100

这张照片当中，将花朵置于画面左下方的构图点上，既突出、醒目，又符合构图法则和美学规律，画面看起来比较自然、和谐，给人美的感受。

构图中平面的用途

在构图中，面与图案也是非常重要的元素。场景中的平面或图案可以让照片表现出很强的弹性或张力，并且能够传达出很多的信息，如天气、时节等。另外，一些图案本身就有很强的表现力。

光圈 f/13.0，快门 1/160s，焦距 28mm，感光度 ISO200，曝光补偿 -0.7EV

天空这个面交代了时间和天气信息，而地面则交代了所处的环境。

对角线构图

对角线构图是指主体或重要景物沿画面对角线的方向排列，旨在表现出方向、动感、不稳定性或生命力等。由于不同于常规的横平竖直的构图法，对角线构图对于欣赏者来说其视觉体验更加强烈。

在多种摄影题材中都可以见到对角线构图，如风光题材中对角线构图可以使主体表现出旺盛的生命力，人像题材中的对角线构图能够传达出人物动感的形象，花卉微距题材中的对角线构图可以赋予画面足够的活力。

光圈 f/11.0，快门 1/125s，焦距 200mm，感光度 ISO100，曝光补偿 -0.3EV

原本简单的画面，采用对角线构图拍摄，让画面充满了生机和活力。

三角形构图

通常的三角形构图有两种形式，正三角构图与倒三角构图。

无论是正三角还是倒三角构图，均各有两种解释：一种是利用构图画面中景物的三角形形状来进行命名的，是主体形态的一种自我展现；另外一种是画面中多个主体按照三角形的形状分布，构成一个三角形的样式。

光圈 f/14.0，快门 1/125s，焦距 16mm，感光度 ISO100
画面中的山体本身具有的正三角形形状就能够传达出一种稳定、牢固的感觉。

在画面中，无论是单个主体自身的形态，还是多个主体组合而成的形状，正三角形都能传达出一种安定、均衡、稳固的心理感受，并且多个主体组合的三角形构图还能够传达出一定的故事情节，表示主体之间的情感或某种其他关系；而倒三角形表现出的情感则恰恰相反，其传达的是不安定、不均衡、不稳固的心理感受。

光圈 f/8.0，快门 1/40s，焦距 14mm，感光度 ISO100，曝光补偿 -0.3EV
与正三角形构图相反，倒三角形构图的画面会给人一种压抑、不稳定的视觉感受。

S 形构图

S 形构图是指画面主体以类似于英文字母 S 的形状的构图方式。S 形构图强调的是线条的力量，这种构图方式可以给欣赏者带来优美、活力、延伸感和空间感等视觉体验。欣赏者的视线会随着S形线条的延伸而移动，逐渐延展到画面边缘。并且随着画面透视特性的变化，产生一种空间广袤无线的感觉。由此可见，S形构图多见于广角镜头的运用当中，此时拍摄视角较大，空间比较开阔，并且景物透视效果良好。

风光类题材是S形构图使用最多的场景，海岸线、山中曲折小道等多用S形构图表现。在人像类题材中，如果人物主体摆出S形造型，则会传达出一种时尚、美艳或动感的视觉感受。

光圈 f/16.0，快门 1/250s，焦距 110mm，感光度 ISO200，曝光补偿 -0.3EV

拍摄草地、平原地区的水流或道路时，如果能以S形的方式进行构图，是非常理想的。因为S形的线条不但能引导欣赏者的视线，还能增加画面的深度。

框景构图

框景构图是指在进行取景时，将画面重点部位利用门框或是其他框结构框划出来，其关键在于将欣赏者的注意力引导到框内的对象上。这种构图方式的优点是可以使欣赏者产生跨过门框即进入画面现场的视觉感受。与明暗对比构图类似，使用框景构图时，要注意曝光程度的控制，因为很多时候边框的亮度往往要暗于框景内景物的亮度，并且明暗反差较大，这时就要注意框内景物的曝光过度与边框的曝光不足问题。通常的处理方式是着重表现框内景物，使其曝光正常、自然，而外框会有一定程度的曝光不足，但保留少许细节起修饰和过渡作用。

光圈 f/14.0，快门 1/125s，焦距 17mm，感光度 ISO500，曝光补偿 +0.7EV

框景构图最大的优势是能够强调框内的景物或画面，并使欣赏者产生一种身临其境的感觉。

对称式构图

对称式构图是指按照对称中心线使画面中景物具有左右对称或是上下对称的结构。这种构图形式的关键点是在取景时要将水平对称线或竖直对称线置于画面的中间。最为常见的对称式构图是景物与其在水面中的倒影，要获得较好的对称效果，就要使水岸线位于倒影与实际景物的中间。这类水上景物与水面倒影的对称也称为镜像。

另外一种对称的形式是景物自身形态的对称，如大部分的建筑物、正面人像的面部等。但要注意，拍摄景物自身形态的对称时，要将主体放于画面的中央位置。

光圈 f/8.0，快门 1.3s，焦距 16mm，感光度 ISO200，曝光补偿 +1.0EV

以左右对称的构图形式表现雪中的牌楼，画面具有一种和谐的美感。

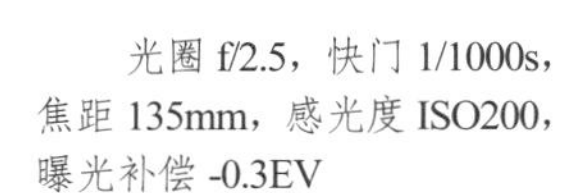

光圈 f/2.5，快门 1/1000s，焦距 135mm，感光度 ISO200，曝光补偿 -0.3EV

在拍摄水中或岸边景物时，实际景物与其在水中的倒影，非常适合利用对称构图法拍摄。

英文字母构图

S 形构图也是曲线构图形式的一种，但由于其使用范围很广并且影响力较大，因此将其单列为一种构图形式。其实关于曲线构图的形式还有多种，如规则曲线的Z形构图、L形构图、U形构图、C形构图，以及各种不规则曲线等。与S形构图类似，其他曲线构图大多也能表现出活力、优美的视觉效果，但根据具体形状的不同，某些曲线构图还会传达出和谐、规律、稳定等多种情感。常见的曲线构图形式按字母形状的划分，其实是暗合了人们的视觉规律。由于人们经常接触英文字母，对其习以为常，不会认为其形状怪异，因此采用英文字母来命名不同的曲线构图形式比较讨巧，不会令人反感。

光圈f/22.0，快门1/30s，焦距16mm，感光度ISO100

利用L形构图表现的新疆戈壁沙漠与岩溶山体。

光圈 f/9.0，快门 1/320s，焦距 24mm，感光度 ISO200，曝光补偿 -0.3EV
采用 V 形或说 W 形构图法拍摄出的北川山间美景。

第7章　摄影美学之光影

光影是摄影作品的灵魂所在。在掌握曝光技术的基础上，合理用光才能使自己的作品焕发出迷人的魅力，否则摄影作品就是枯燥和乏味的。

7.1 光线的性质

直射光成像

光线直接照射到被摄对象时，会形成明显的投影，这种光线，我们把它叫做直射光。在这种光线下，由于受光面与阴影面之间有一定的明暗反差，比较容易表现被摄对象的立体特征。直射光线的造型效果比较硬，也有人把它叫作硬光。

太阳光是比较典型的直射光，照射到被摄对象上时，会产生较明显的明暗对比，从而表现出被摄体的立体形状。

直射光示意图。

光圈 f/5.0，快门 1/1000s，焦距 125mm，感光度 ISO10，曝光补偿 +0.7EV
背景中射出的直射光产生了较大的明暗反差，使画面立体感很强。

散射光成像

如果光源大部分光线不能直接射向被摄对象，这样在被摄对象上就不会形成明显的受光面和阴影面，也没有明显的投影，光线效果比较平淡柔和，这种光线被称为散射光，也叫软光。

典型的散射光是天空光，以及带柔光玻璃的灯具等的光。环境反射光也大多是散射光，如水面、墙面、地面等。散射光的特征是光线软，受光面和背光面过渡柔合，没有明显的投影。因此对被摄对象的形体、轮廓、起伏表现不够鲜明。这种光线柔和，宜减弱对象粗糙不平的质感，使其柔化。用于拍人物时，可提高人物的完美程度，将人物拍得更漂亮。

散射光示意图。

光圈 f/10.0，快门 1/500s，焦距 85mm，感光度 ISO100，曝光补偿 -0.3EV
散射光拍摄风光画面，往往会给人一种恬静、淡然的感觉。

7.2 光线的方向

顺光摄影

对于顺光来说，其摄影操作比较简单，也比较容易拍摄成功。因为光线顺着镜头的方向照向被摄体，被摄体的受光面会成为所拍摄照片的内容，其阴影部分一般会被遮挡住，从而因阴影与受光部的亮度反差带来的拍摄难度就没有了。这种情况下，拍摄的曝光过程就比较容易控制。顺光所拍摄的照片中，被摄体表面的色彩和纹理都会被呈现出来，但是不够生动。如果光照射强度很高，景物色彩和表面纹理还会损失细节。顺光摄影适合摄影新手练习用光，另外在拍摄记录照片及证件照时使用较多。

顺光摄影示意图。

光圈 f/14.0，快门 1/250s，焦距 16mm，感光度 ISO200
顺光摄影时，景物产生的阴影会在后方，曝光比较容易掌握。

光圈 f/7.1，快门 1/1000s，焦距 105mm，感光度 ISO200
在没有阴影的顺光摄影条件下，色彩及虚实的变化成为画面表现力的保证。

侧光摄影

侧光是指来自被摄景物左右两侧，与镜头朝向呈 90° 角的光线。侧光光线下景物的投影落在其侧面，景物的明暗影调各占一半，影子修长而富有表现力，并且景物表面结构十分明显，每一个细小的隆起处都会产生明显的影子。采用侧光摄影，能比较突出地表现被摄景物的立体感、表面质感和空间纵深感，可造成较强烈的造型效果。侧光在拍摄林木、雕像、建筑物表面、水纹、沙漠等各种表面结构粗糙的物体时，能够获得影调层次非常丰富的画面，空间效果强烈。

根据影调的表现效果来看，90° 的侧光不宜拍人像，因为光线的照射会使主体人物面部形成强烈的明暗对比，造成非常奇特的现象。但在某些特定的环境和氛围中使用侧光拍摄人像照片，能较好地表现人物的性格特征和精神面貌。人物摄影中，侧光经常用于表现人物的特定情绪。拍摄侧光人像时，也要注意曝光的正确性，如果人物面部受光面曝光正常，而背光面曝光不足，不但无法表现出人物形象与性格，更会使画面效果非常枯燥无味，立体感也无法表现出来。

侧光摄影示意图。

光圈 f/6.3，快门 1/640s，焦距 155mm，感光度 ISO100
被摄人物主体的帽子有效地避免了侧光在人物面部产生的强烈明暗对比。

斜射光摄影

斜射光又分为前侧斜射光（斜顺光）和后侧斜射光（斜逆光）。整体上来看，斜射光是摄影中的主要用光方式，因为斜射光不但适合表现被摄对象的轮廓，还能通过被摄体呈现出来的阴影部分增加画面的明暗层次，可以使画面更具立体感。拍摄风光照片时，无论是大自然的花草树木，还是建筑物，由于拍摄对象的轮廓线之外就会有阴影的存在，因此会给画面带来立体的效果。

拍摄斜射光下的景物时，曝光的难度比顺光摄影要高，因为画面中受光部位的亮度和阴影部分的暗度会有明显的反差，并且反差的强弱也各不相同，因此不能设定好了相机对于反差的处理程序就万事大吉。不同的环境下明暗反差的程度也不相同，有时这种反差的程度很强，使用简单的拍摄手法可能根本无法合理地呈现原有画面。一般情况下，可以先对准明暗

斜射光摄影示意图。

反差较大的画面中的亮部进行测光，这样画面中的亮部会曝光得相对比较准确。由于暗部会因此曝光不足，所以在具体拍摄操作时还需要进行一定的曝光补偿。曝光补偿的数值要视明暗反差的程度而定，反差较大，则需要较高的曝光补偿数值，如果反差小，则曝光补偿的数值也比较小。

光圈 f/20.0，快门 1/13s，焦距 105mm，感光度 ISO200，曝光补偿 +0.7EV
斜射光摄影非常利于表现画面的影调层次，并能够营造出很强的空间感。

逆光摄影

逆光与顺光是完全相反的两类光线，逆光是指光源位于被摄体的后方，照射方向正对相机镜头。与顺光完全相反，逆光下受光部位也就是亮部位于被摄主体的后方，镜头无法拍摄到，镜头所拍摄的画面是被摄主体背光亮度较低的阴影部分。应该注意的是，虽然镜头只能捕捉到被摄主体的阴影部分，但是主体之外的背景部分却因为光线的照射而成为了亮部。这样造成的后果就是画面反差很大，因此在逆光下很难拍到主体和背景都曝光准确的照片。利用逆光的这种特性，可以拍摄出剪影的效果，极具感召力和视觉冲击力。

拍摄剪影效果的技巧：拍摄时，对准画面中的高光（亮部）部位进行测光，这样拍得的照片中高光部分曝光正常，而主体部分曝光不足则被显示为了黑色，黑色的边缘将主体轮廓很好地勾画出来，如同剪刀剪过一样。剪影的拍摄是摄影中非常常见的一类拍摄方式。

逆光摄影示意图。

光圈 f/16.0，快门 1/90s，焦距 23mm，感光度 ISO100
逆光下的巴音布鲁克草原九曲十八弯焕发出动人心魄的美感。

顶光与脚光摄影

顶光是指来自主体景物顶部的光线，与镜头朝向成 90° 左右的角度。晴朗天气里正午的太阳通常可以看为是最常见的顶光光源，另外通过人工布光也可以获得顶光光源。正常情况，顶光不适合拍摄人像照片，因为拍摄时人物的头顶、前额、鼻头很亮，而下眼睑、颧骨下面、鼻子下面完全处于阴影之中，会造成一种反常奇特的形态。因此，一般都避免使用这种光线拍摄人物。

从被摄对象下方射出的光线被称为脚光。脚光的光影结构与顶光相反，而且往往能使被摄对象产生非正常效果，属于反常光线，多用于表现特殊的效果。

脚光也可用于作修饰光使用，修饰眼神、衣服或头发等。在拍摄玻璃柜、水池等对象时，脚光可增强被摄体的立体感和空间感。

脚光摄影示意图。

光圈 f/8.0，快门 1/6s，焦距 40mm，感光度 ISO1600

脚光摄影在建筑类摄影中较为常见，脚光可用于表现如广场、高大建筑物等雄伟的气势。

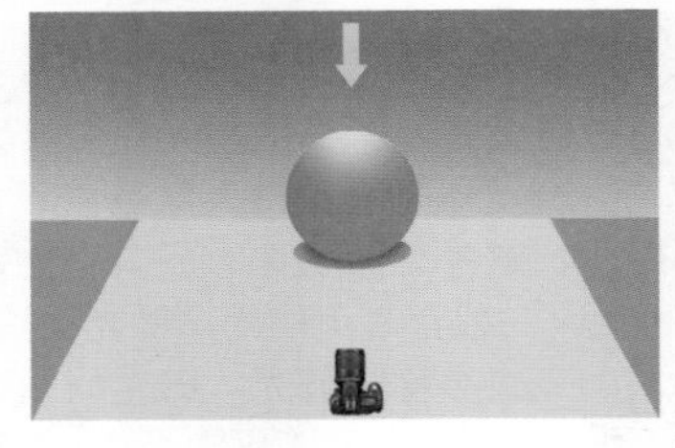

顶光摄影示意图。

光圈 f/3.2，快门 1/800s，焦距 50mm，感光度 ISO100

顶光摄影很难表现出人像最美的一面，这是因为眉毛与鼻子下出现的阴影会破坏画面效果。这张照片用帽子遮挡了强烈的顶光，让人物面部光线变得均匀。

7.3 采光与用光

为什么要在黄金时间创作

风光摄影当中，黄金时间段是指日出前后和日落前后的 30 分钟。那么在这些时间段当中，正如我们之前所介绍的太阳光线强度较低，摄影师可以比较容易控制画面的光比，让高光与暗部呈现出足够多的细节。而这些时间段的光线色彩感比较强烈，能够给画面中渲染上比较浓郁的暖色调或是冷色调。这样拍摄出的照片，无论色彩、影调，还是细节都比较理想，所以说是进行风光摄影创作的黄金时间。

光圈 f/5.6，快门 1/250s，焦距 176mm，感光度 ISO100
秋季的坝上，下午 4 点多钟，太阳光线充分的暖意让画面的氛围充满温馨。

光圈 f/18，快门 1/13s，焦距 28mm，感光度 ISO50
太阳接近地平线时，即便是逆光拍摄，画面整体的光比也已经到了相机能够承受的程度，最终让画面表现出足够的细节。

光圈 f/8，快门 1.6s，焦距 100mm，感光度 ISO100
日落之后，余晖将整个天空渲染上了迷人的霞光。

光圈 f/8，快门 15s，焦距 24mm，感光度 ISO100
日落后十几分钟，蓝调时刻的城市，画面呈现出冷暖对比的效果，色调非常迷人。

夜晚弱光摄影

1. 夜晚无光

首先来看夜晚有哪些适合拍摄的题材。通常，我们所说的夜晚主要是指太阳完全沉入地平线之后的一段时间，尤其是日落 1 小时之后或是日出 1 小时之前，此时没有太多天空光线的照射，几乎是纯粹的夜光环境，这就是我们所说的夜晚。

夜晚拍摄时的光线也会有两种情况，一种是纯粹的夜晚无光，没有月光的照射，使得整体环境变成微光环境，任何的拍摄场景都非常黯淡，尤其见于城市郊外或者山区。在这种场景中，适合拍摄的题材主要是天空的天体以及星轨。天体主要包括例如银河、北斗七星以及具体的星座等等。近年来比较流行的夜晚无光的拍摄题材主要是银河，银河拍摄往往需要我们对相机进行一些特殊的设定，并且对相机自身的性能也有一定要求，要求高感光度、大光圈、长曝光拍摄。具体来说，一般曝光时间不宜超过 30 秒，镜头大多使用广角、大光圈的定焦或变焦镜头，感光度通常设定在 ISO3000 以上，这样就能够将银河的纹理拍摄得比较清晰，并且让地景有一定的光感，呈现出足够多的细节。这种将夜空中的银河拍摄清楚的照片能够让观者体会到自然的壮阔和星空之美。当然，

光圈 f/2.8，快门 20s，焦距 24mm，感光度 ISO6400（堆栈降噪）
无月的夜晚，在每年的 2 月底到 8 月底，银河能呈现出迷人的色彩和细节。

要想表现出天空的银河，距离城市过近是不行的，需要在光污染比较少的山区或是远郊区进行拍摄。另外还需要在适合拍摄银河的季节进行拍摄，在北半球主要是指每年的 2 月底到 8 月底。虽然在秋季的 9 月之后到来年的 1 月这段时间里也可以拍摄到银河，但却无法拍摄到银河最精彩的部分，因为这部分银河在地平线以下。只有 2 月到 8 月这段时间，银河最精彩的部分才在地平线以上，所以这段时间更适合拍摄银河照片。

2. 月光之下的星空

有月光照射的夜晚，我们一般来说就没有办法拍摄银河，因为银河本身的亮度并不高，在月光下无法在照片当中表现出来。但是有月光时拍摄星轨是比较理想的，因为有月光的环境中，拍摄出的天空往往是比较纯粹的蓝色，整体显得非常干净深邃，并且很多暗星因为月光较亮而不可见，最终拍到的照片中地景明亮天空深邃幽蓝，而星体的疏密也比较合理，整体画面就会得到比较好的效果。可以看到下图这张照片，地面景物因为月光的照射效果就比较理想，而天空是比较深邃的蓝色，星体疏密也比较合理，画面整体效果就比较理想。

光圈 f/2.8，快门 30s，焦距 18mm，感光度 ISO2000（堆栈合成）
有月光照射的夜晚，许多暗星无法呈现，这时拍出的星轨稀疏得当，效果很好。

常见的迷人的自然光影效果

剪影与半剪影

剪影是指主体形态及轮廓线条非常明显，但表面却没有纹理、色彩等细节表现的画面效果。一般情况下，剪影拍摄手法用于使用明亮背景衬托较暗的主体。

剪影效果是否有感染力或是艺术美感，主要取决于主体轮廓线条是否生动，是否具有美感。使用剪影手法时，主要目的是表现主体的形体特征，且需要有背景的直接配合。如果说主体形态是红花，则背景就是绿叶，两者共同营造一种美妙的画面效果。尽管主体没有亮度与色彩特征，背景却具有这两种重要构图元素，但剪影的妙处就在于使用高调的背景塑造出低调的主体，并使两者地位在欣赏者的心理上互换，具有非同一般的视觉冲击力。

要拍摄出剪影效果，具体的操作非常简单。一般是采用逆光拍摄，多以具有明显点或区域光源的天空为背景，并对天空中的亮点测光，这样相机在曝光时会压低逆光主体正面的亮度，使其损失表面细节，即可获得剪影画面。如果感觉主体正面的亮度与天空中的较亮测光点明暗反差不足，则需要在曝光时降低 1 ～ 2 挡的曝光补偿。

有时剪影画面并不需要让逆光景物全部黑掉，如果能使一部分景物保留一定的画面细节，这会在高亮的背景与纯黑的景物之间形成一种视觉变化的缓冲，并最终将欣赏者的注意力吸引到剪影主体上。

光圈 f/16，快门 1/80s，焦距 23mm，感光度 ISO100

对较明亮的景物部分进行测光，让作为主体的对象完全变为剪影，最终强调了主体的造型以及线条。

拍摄剪影画面时，因为要突出主体的地位，背景的亮度又比较高，因此要寻找干净的背景，以干净的天空做背景最理想。不要选择景物线条过多过杂的背景，否则背景中的部分景物也将形成剪影，与主体重叠，破坏整个画面的美感。

光圈 f/16，快门 1/2s，焦距 33mm，感光度 ISO200

主体艺术品的剪影效果并不是特别完美，但正是因为这种并未完全黑掉的半剪影效果，起到了很好的过渡作用，让画面的层次变得更为理想，并有一定的艺术气息。

透光的魅力

逆光拍摄一些树叶、花瓣等较薄的景物时，经常会遇到透光的效果，非常漂亮。大多数时候，透光表现是指逆光拍摄主体时，主体会将光源几乎完全遮住，光线穿过较薄的主体进入相机镜头，形成主体晶莹剔透的效果。能够表现出透光效果的主体多是自身材质较轻、密度较小的景物，如树木枝叶、衣物等。

利用透光手法表现主体时，有两种方式。一种是选择较暗的背景，这样可以使画面有较强的明暗反差，能够有效突出主体的地位。要拍摄这种效果，光源的位置选择非常重要，虽然为逆光拍摄，但光源不能位于背景部位，要与镜头和主体的连线侧开一定角度，否则就会照亮背景。

另外一种透光效果是光源位于背景中，但由于主体的遮挡，使得光源强度降低，这样也能够表现出主体的透光效果。但这种方式拍出的画面往往会呈现出高亮度低反差的效果，并且主体的感觉会被弱化。

光圈 f/7.1，快门 1/1250s，焦距 100mm，感光度 ISO100，曝光补偿 -0.7EV

拍摄这种透光画面时，应该使用特定的曝光手法。评价测光方式无法拍摄出这样的效果，一般需要使用点测光并设置一定的曝光补偿来获得。使用点测光的方式对受光的花瓣主体进行测光，如果再降低 1/3 ～ 1 挡的曝光补偿量，会使背景更暗一些，从而进一步强调透光的主体花瓣，给予欣赏者较强的视觉冲击力。

丁达尔

光圈 f/16，快门 1/90s，焦距 14mm，感光度 ISO560

因为树木的遮挡，整个场景是比较幽暗的，这时光线透过树木后就会产生明显的边缘光，这种扩散的边缘光让画面显得非常漂亮。

丁达尔光也称边缘光，是指在景物边缘呈现出的光线效果，非常漂亮。这种光线效果主要是由环境中景物的明暗差别造成的。要想达到这种效果的具体条件如下。

- 在遮光景物后方的背景中要有强烈的光源。
- 遮光景物的边缘要有硬朗的线条，这样才能切割出明显的光痕。
- 测光点不能选择亮度最高的位置，否则会使遮光景物呈现出剪影效果，边光效果就不明显了。如果遮光景物亮度过低，则需要在曝光时增加 1 ～ 2 挡的曝光补偿；但如果遮光景物高度过高，则光痕效果也会消失。

局部光的强化效果

直射光线的魅力在于能够让场景产生明显的高光与阴影，让我们能够拍摄出丰富的影调层次。直射光的优点还不止于此，在晴朗、多云的天气里，你应该不断寻找并捕捉透过云层照射到地面的局部光，这种光线具有明显的阴影边缘，照亮局部区域，形成非常理想的视觉中心。在局部光照亮人物、建筑时，可以加强这些对象或区域的视觉效果，让照片更漂亮。

光圈 f/9，快门 1/640s，焦距 260mm，感光度 ISO400

透过云层的光线笼罩着远处的建筑物，它产生的局部光对建筑物主体部分进行了一定的强化。虽然建筑物并没有完全被笼罩进来，但这样反而会显得更加自然，不会显得不够真实。

《马上会修片（影调篇）》课程大纲

第 1 课　关于影调的基本审美

画面为什么不干净

通透与细节完整

层次丰富、过渡平滑

干净与单调的辩证关系

修片度的把握

第 2 课　ACR 基本调整到什么程度

第 3 课　局部（蒙版）工具修片实战

第 4 课　黑白蒙版与调整图层：修片实战

第 5 课　色彩范围与亮度蒙版：修片实战

第 6 课　有光场景怎么修：理论分析

第 7 课　有光场景怎么修：修片实战

第 8 课　有光场景怎么修：修片实战

第 9 课　有光场景怎么修：修片实战

第 10 课　无光场景（散射光场景）怎么修：修片实战

第 11 课　无光场景（散射光场景）怎么修：修片实战

第 12 课　实用的影调美化技巧

超值附赠【综合案例实战】单片银河精修

系列课程由郑志强老师授课，并负责班级管理，每课都附赠素材、作业素材，并进行学后考核，提升学习成果。